EMBROIDERY
BASICS

最基礎刺繡教室

第一堂課筆記本

瑞昇文化

各位讀者您好。

對於想從現在開始學習刺繡的人，以及會刺繡但對複雜針法感到棘手的人，本書以淺顯易懂的插圖，在一項一項程序確認中幫助你學習。

刺繡的技巧種類繁多。本書是從眾多的刺繡針法中介紹84種。一旦學會一種刺繡針法後，就向不同的針法挑戰。然後，在不同的刺繡針法中，即可完成各式各樣的刺繡，使樂趣更加倍增。

將姓名的首個字母、花紋模樣、或漂亮的圖案等刺繡在各種素材的布料上，賞玩各種形形色色的小型手工藝品。

各種的繡縫針法 27

開始刺繡之前 53

圖案

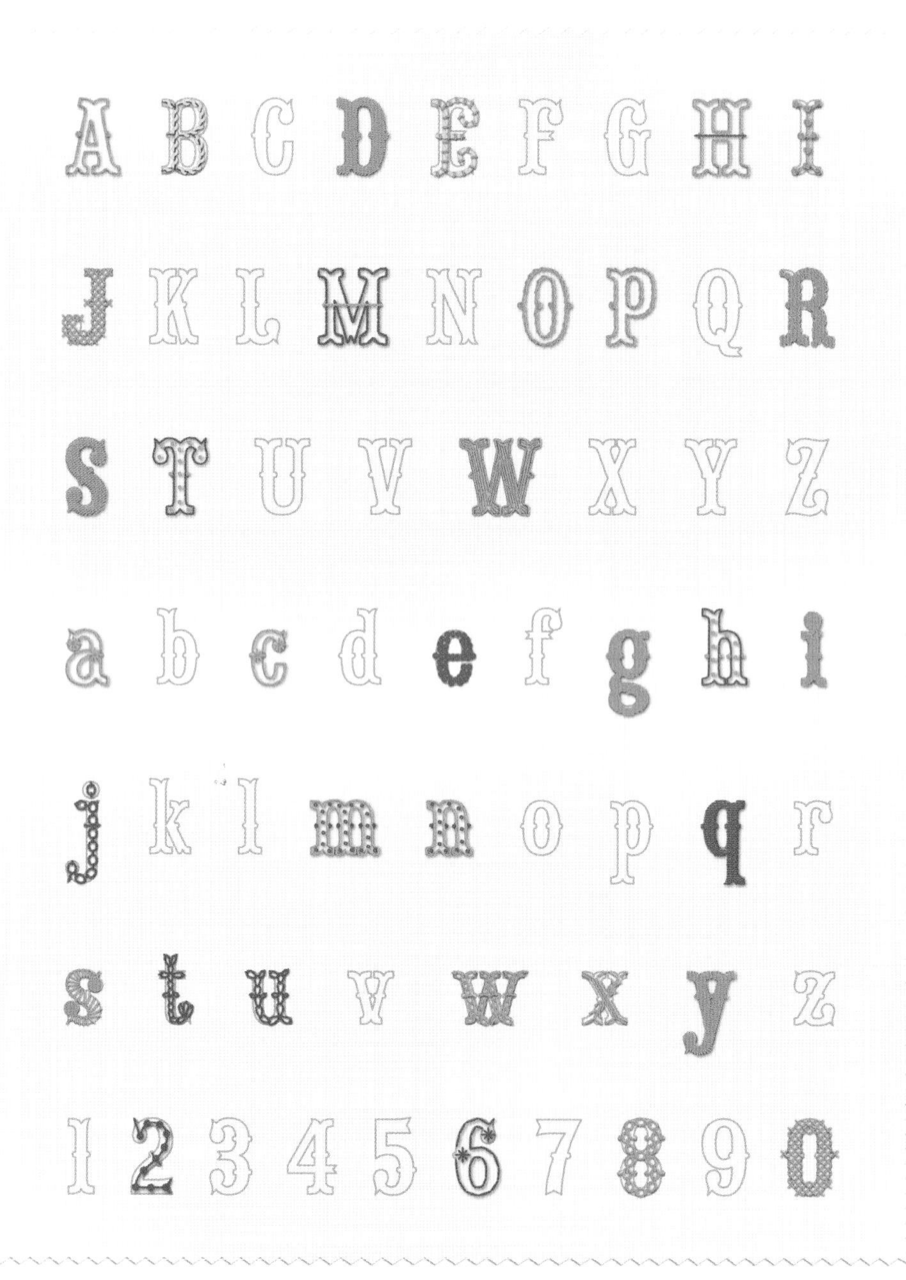

＊請依自己喜好的大小放大或縮小，作為刺繡的圖案使用。

10 Common Stitches

經常使用的10種刺繡針法

本書從繁多的刺繡針法中，介紹容易親近、
且在刺繡的作品集中使用狀況較多的10種類型刺繡針法。
依序逐步地圖解，讓即使是刺繡新手的人，也不會感到困難。
將這10種類型的刺繡針法作為基本型，
一起介紹這些刺繡針法的「同類」或「變化型」、「技巧」等。

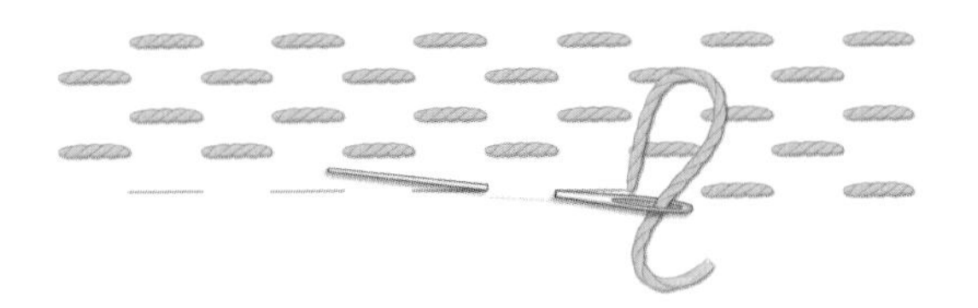

RUNNING STITCH

平針繡

和並縫相同的繡縫法。使表裏的針目都大致相同的繡縫。

Variations —— 平針繡的同類

Holbein stitch

雙重平針繡

首先以平針繡縫法刺繡，接著使用不同的色線，在先繡縫的空隙間作平針繡。

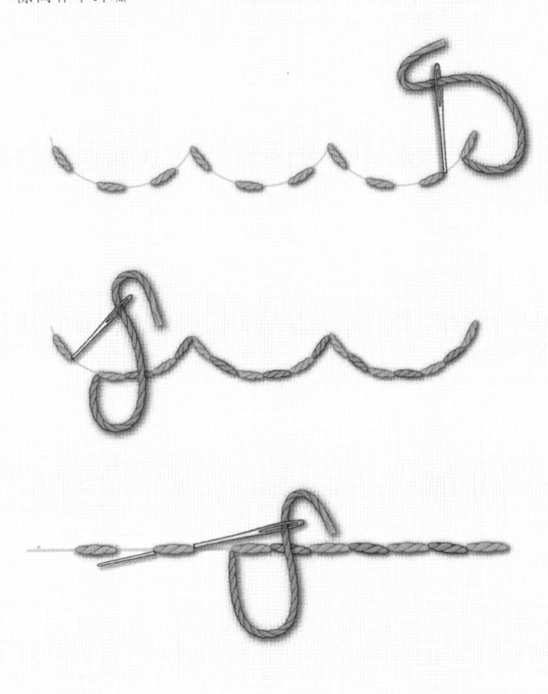

Threaded running stitch

穿線平針繡

在平針繡的針目上，用不同的線上下交互穿過。

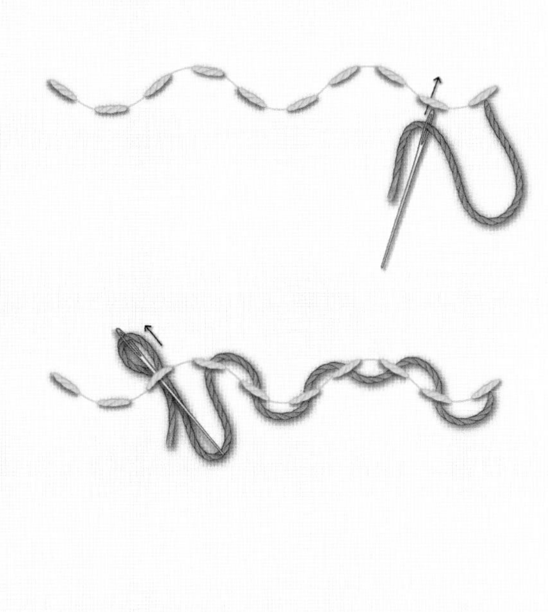

Darning stitch

織補平針繡

首先以平針繡縫法刺繡，從下一段開始在線和空隙之間交互地刺繡。

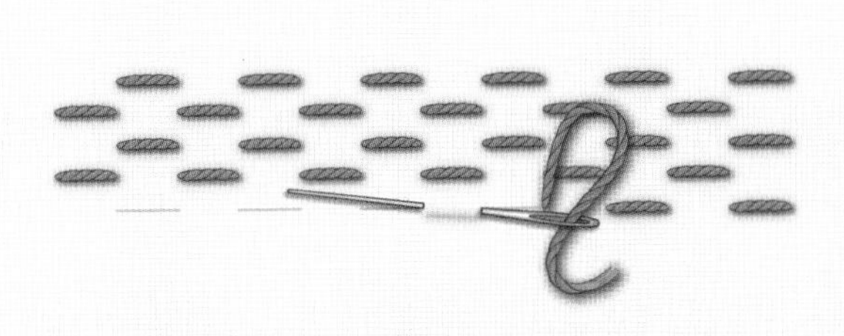

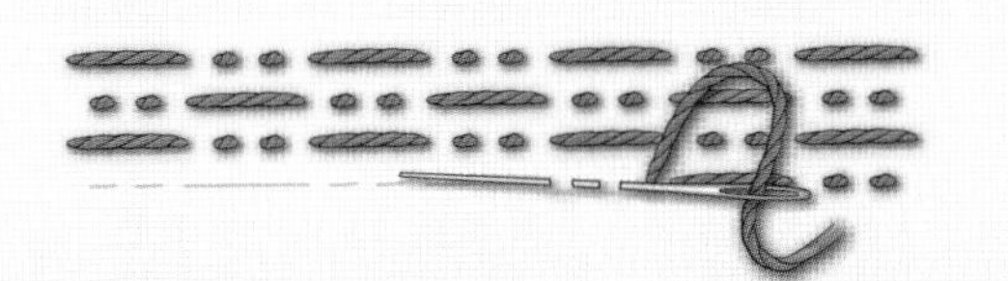

Whipped running stitch

繞線平針繡

在平針繡的針目上，用不同的線捲繞。

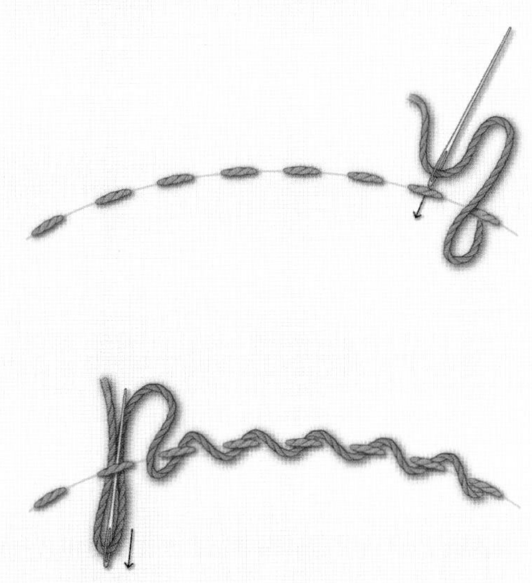

BACK STITCH

回針繡

出針後返回1針，在和針目等間隔的位置出針，反覆地縫全回針繡。

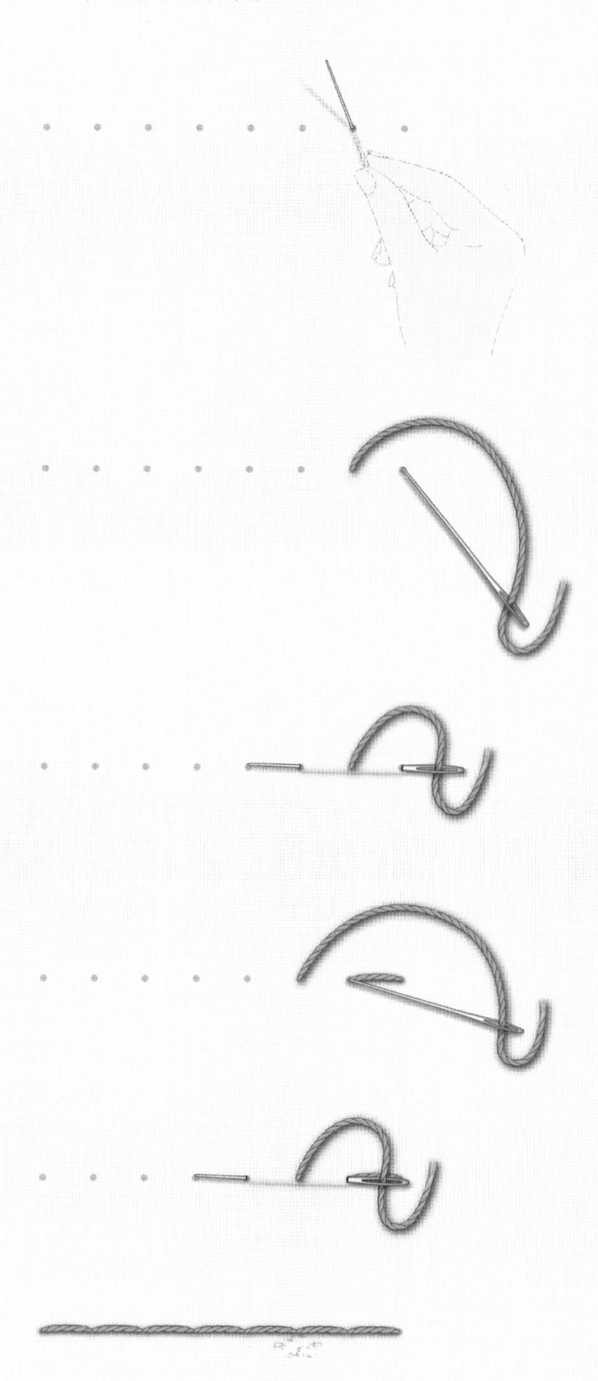

Seed stitch

籽粒繡

雖然和回針繡要領相同，但籽粒繡是反覆地半回針繡縫。

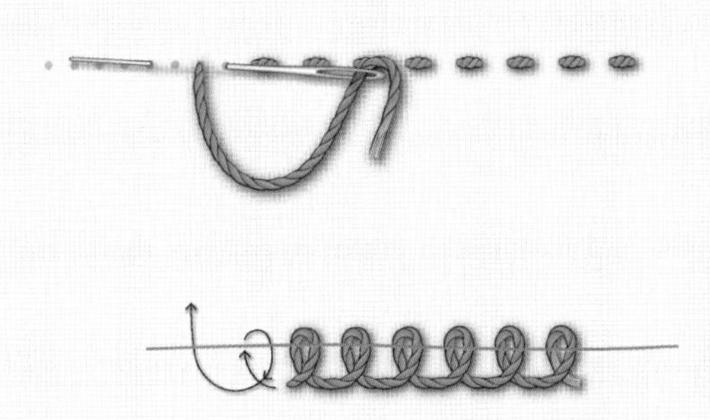

Whipped back stitch

繞線回針繡

在回針繡的針目上，用不同的線捲繞。

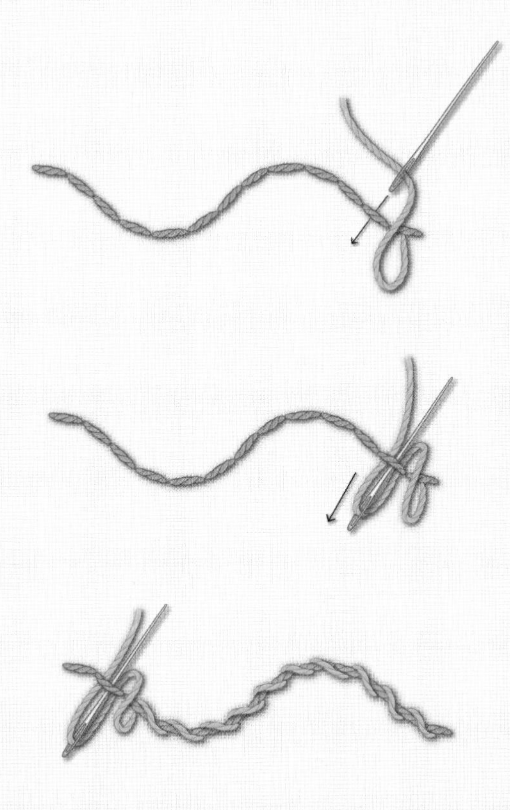

Pekinese stitch

北京繡(中國繡)

在回針繡的針目上，用不同的線由左向右，
如描繪圓圈般地捲繞。

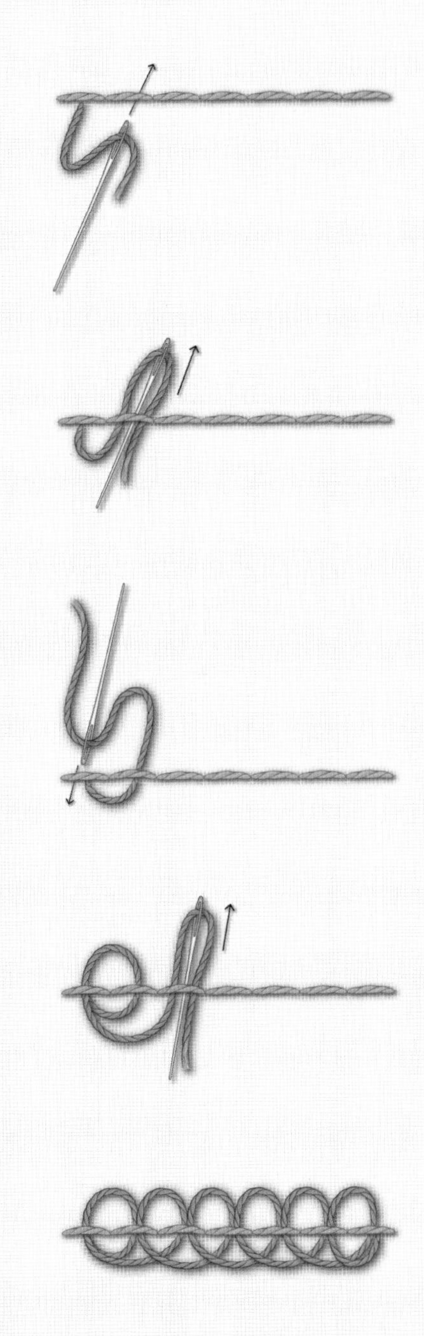

STRAIGHT STITCH

直線繡

這是用1個針目將線跨越的簡單刺繡法。可以改變出針的方向和針目的長度，作自由表現。

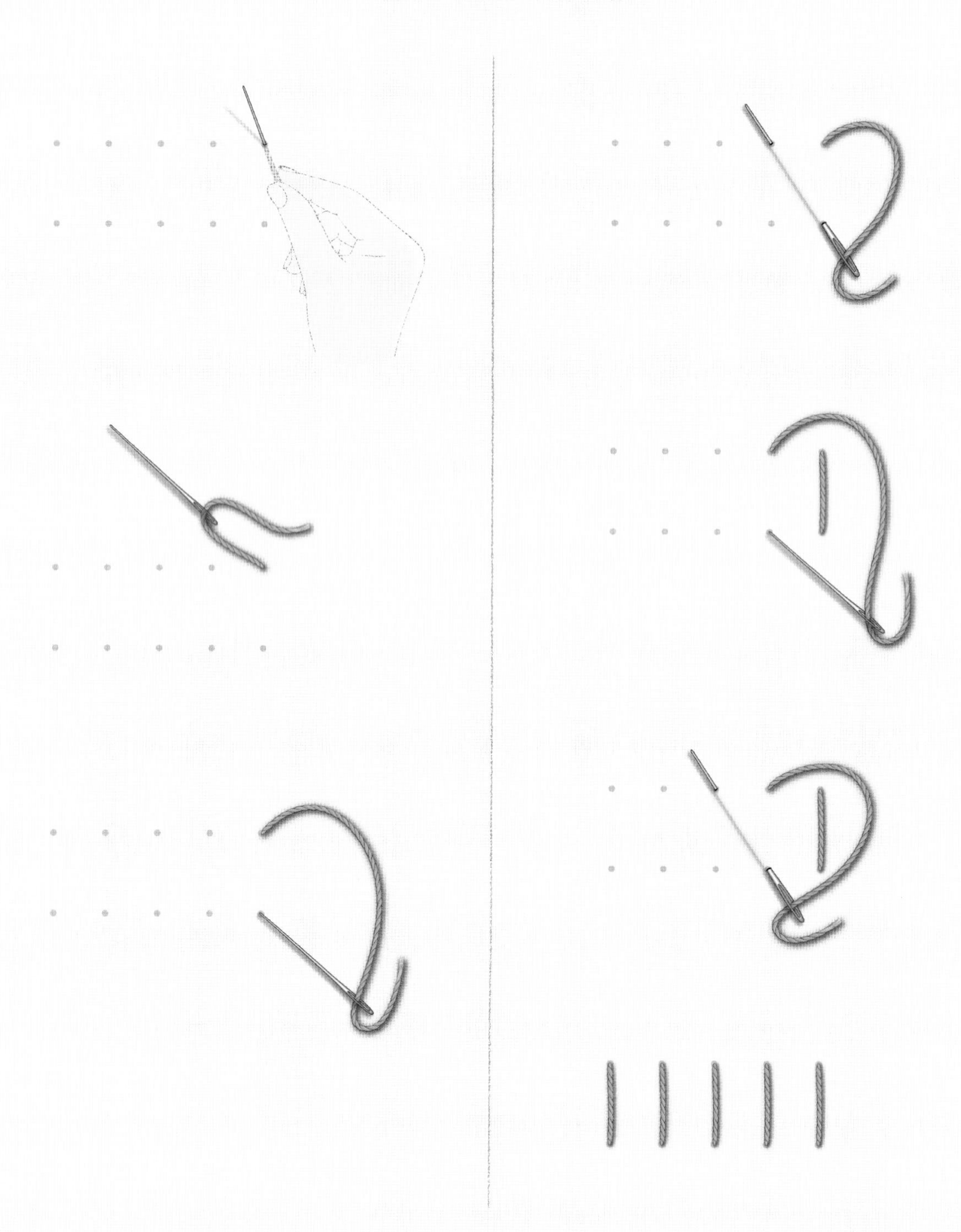

Variations — 直線繡的同類

Spoke stitch
輪幅直線繡

將直線繡從中心的同一個孔，作放射狀刺繡。

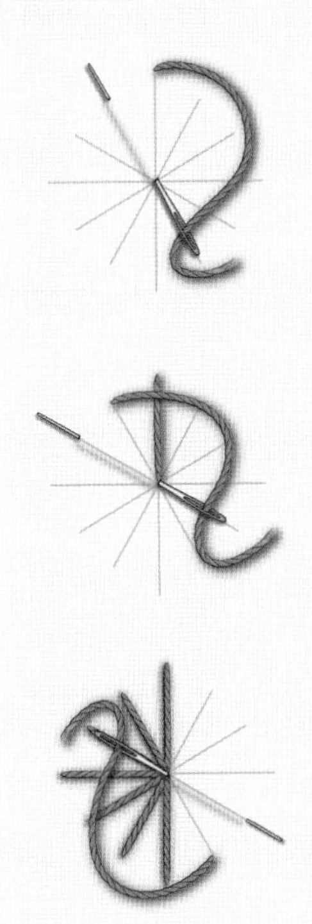

Seeding stitch
籽粒直線繡

將直線繡改變針目的方向散落刺繡。
可作2列，或交叉刺繡。

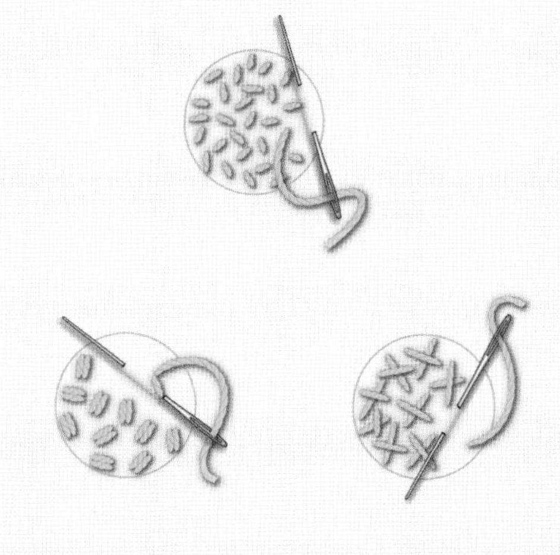

Bundle stitch
麥簇直線繡

縱向刺繡3條直線繡，然後將中央靠攏固定。

COUCHING STITCH

釘線繡

邊將粗線放置在圖案線的上面，邊用細的不同線等間隔固定。固定法可作各種不同的應用。

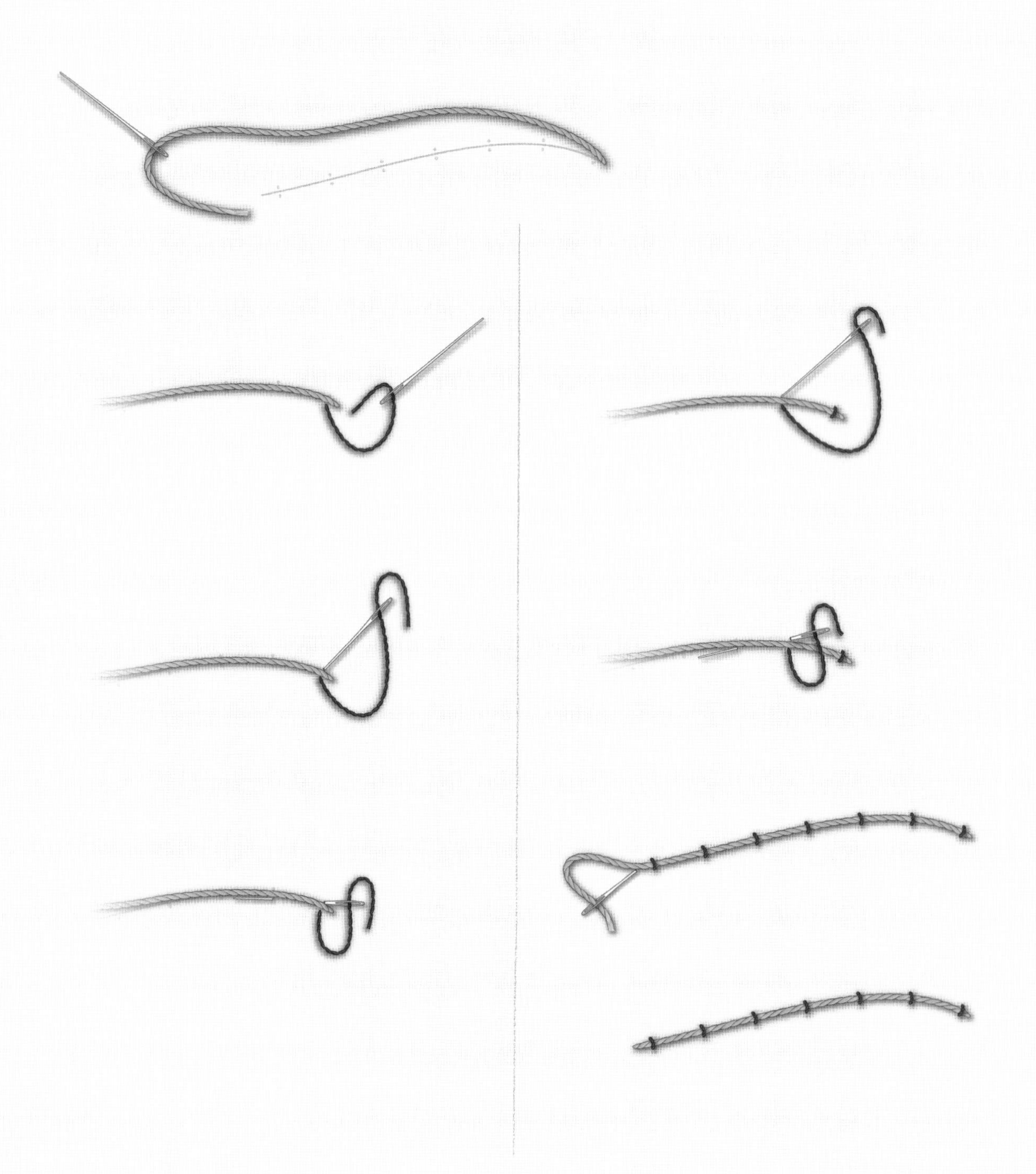

釘線繡的應用

A

B

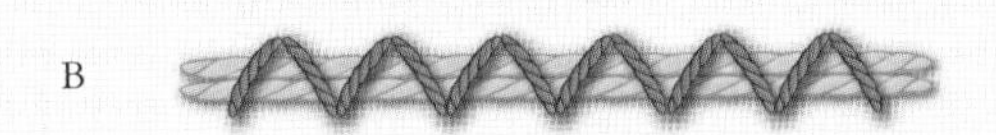

C

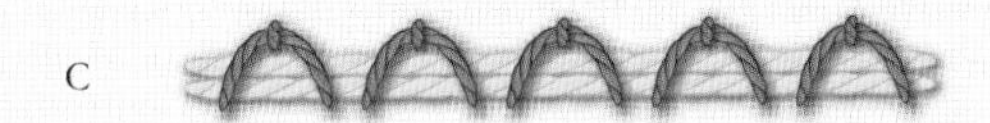

D

E

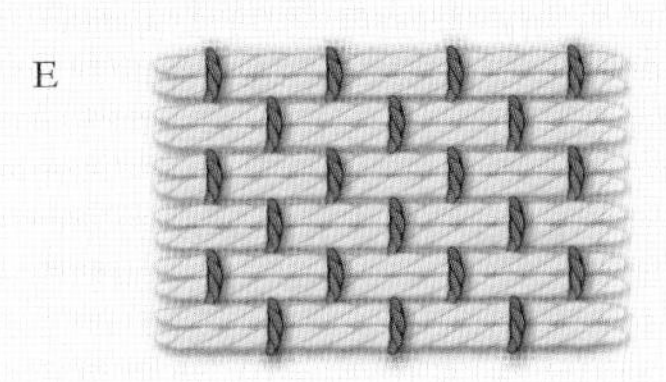

Pendant couching stitch

垂飾釘線繡

以釘線繡的要領，每隔一個間隔，一面在下緣作垂飾一面固定。

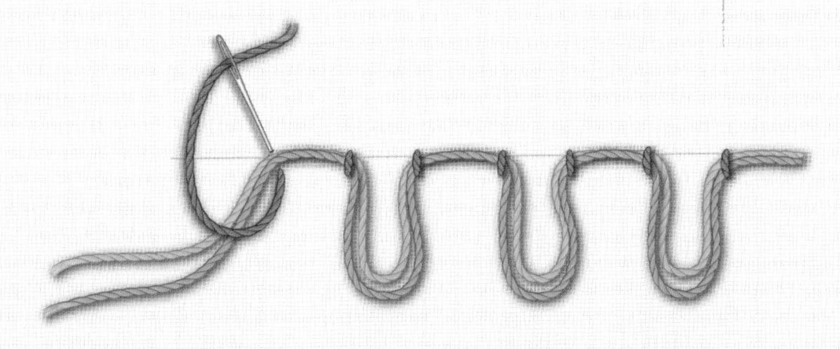

Rumanian stitch

羅馬尼亞釘線繡

以釘線繡的要領，
在向橫面跨越的線中央作小固定，反覆如此作業。

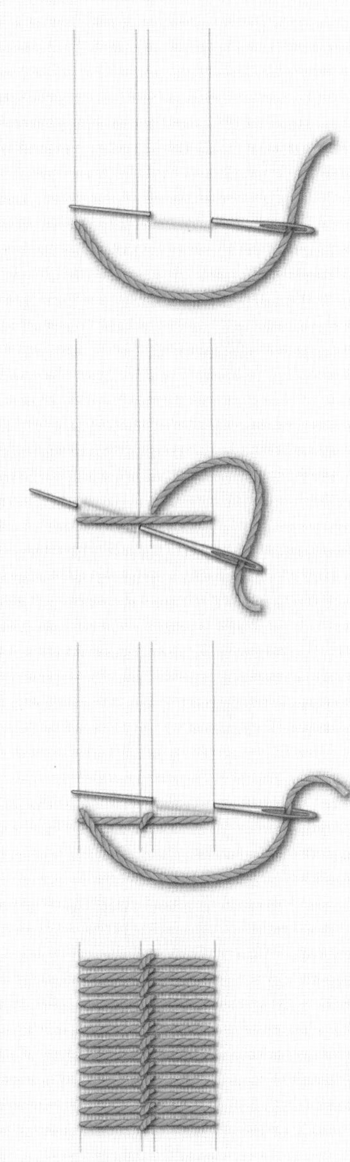

OUTLINE STITCH

輪廓繡

將針由左向右出入針，接著在約一半長度的斜上位置出針，反覆如此作業。

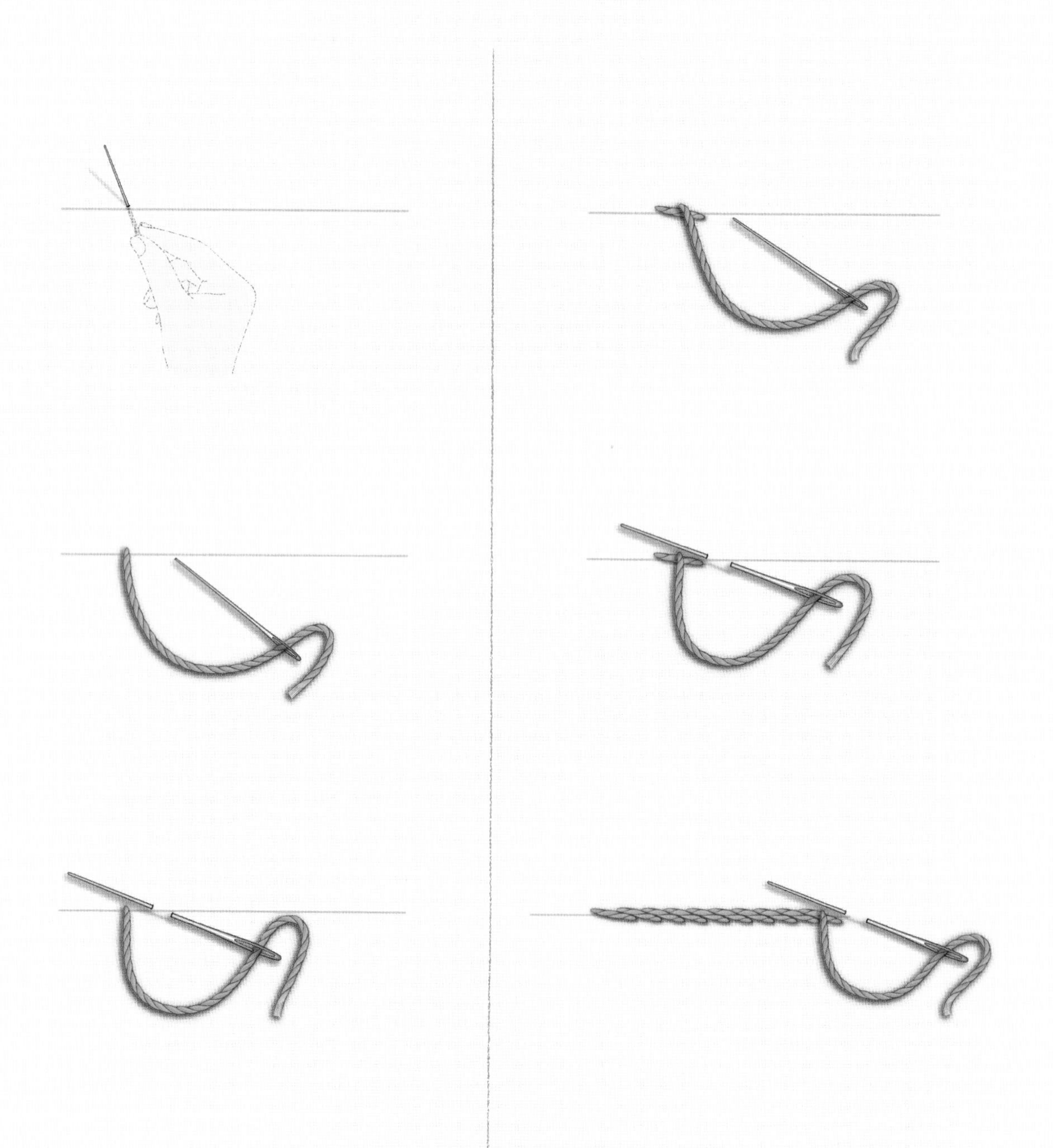

曲線的刺繡法

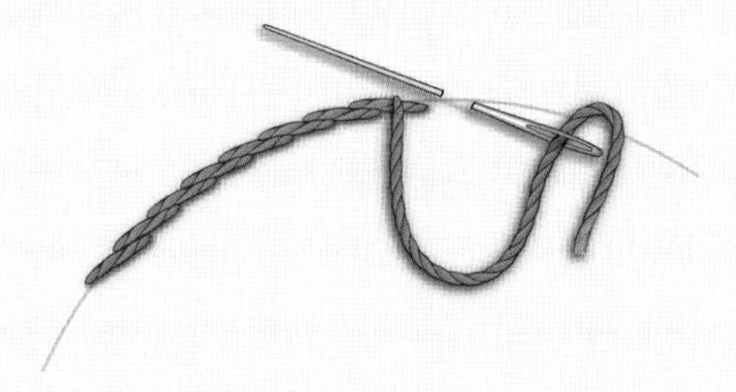

寬幅的刺繡法

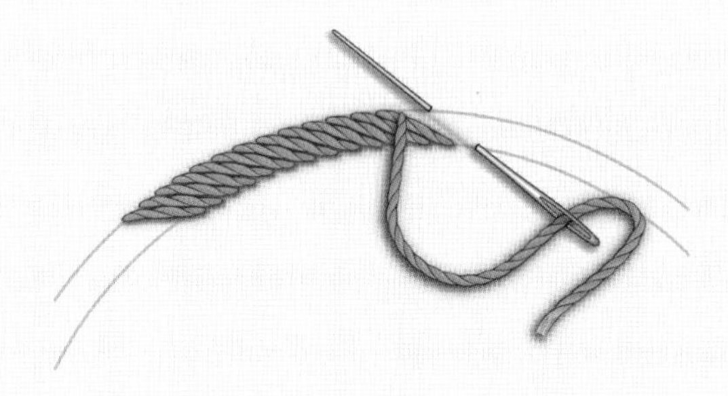

角的刺繡法

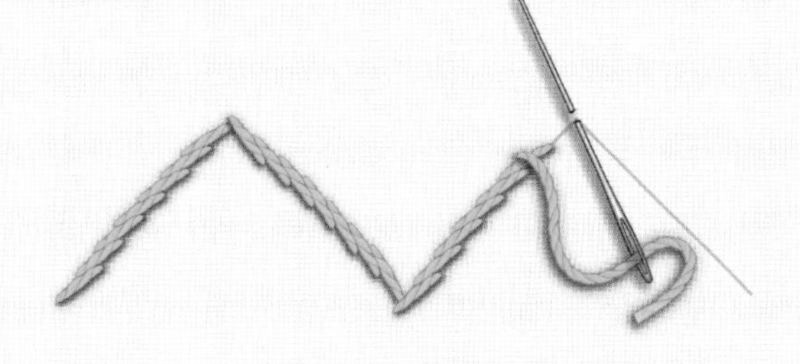

最初和最後的相連法

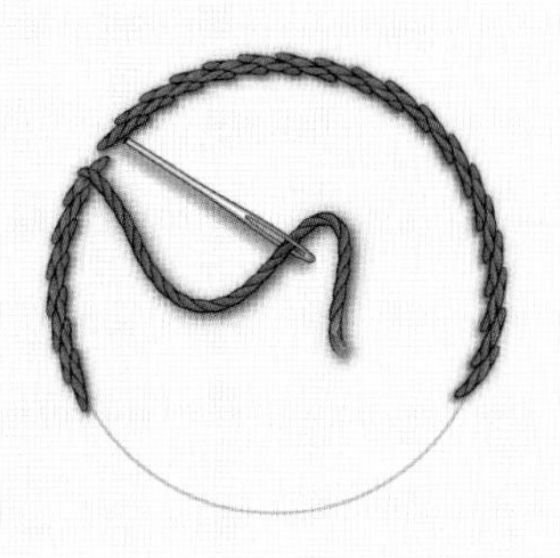

線的更換法

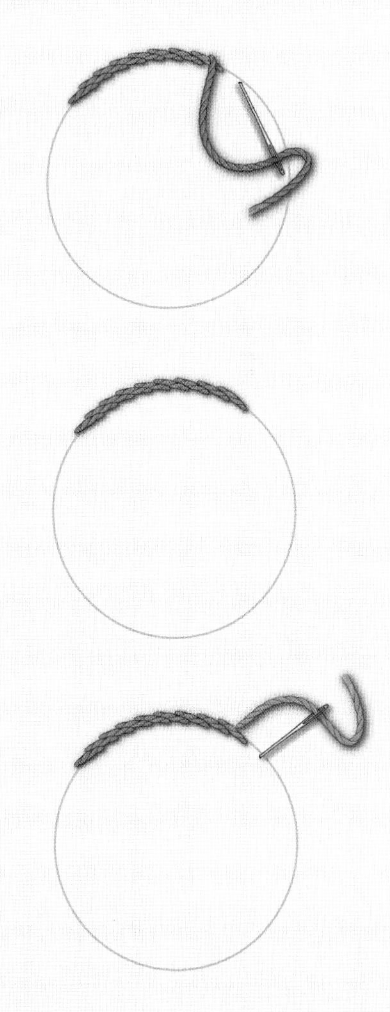

SATIN STITCH

緞面繡

將線平行跨越，整個填埋到看不到布的刺繡法。跨線的長度頂多1～2cm，才會漂亮地完成。

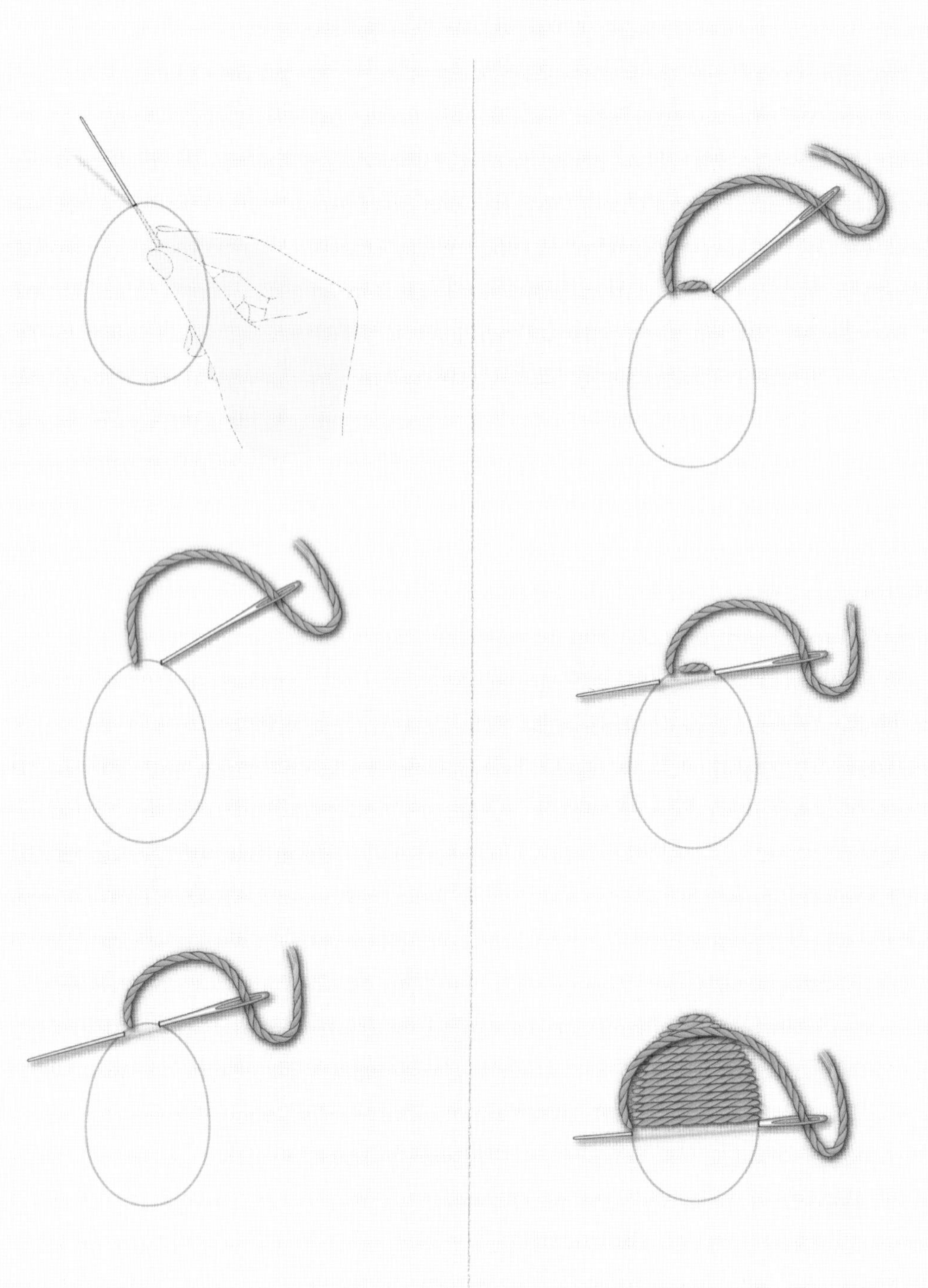

Technique —— 緞面繡的技巧

作斜面刺繡

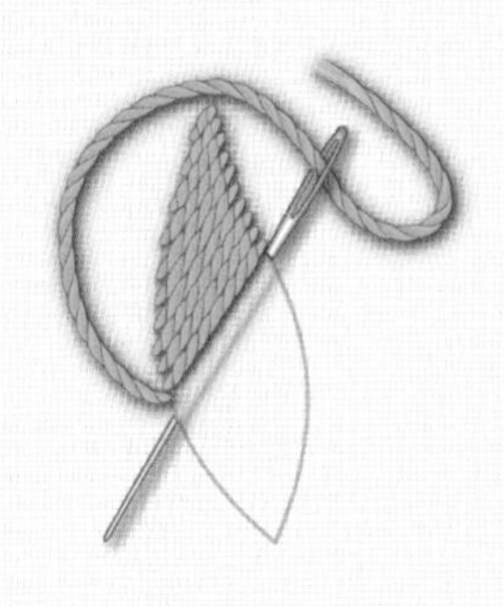

作立體刺繡

像是將圖案的中央隆高一般，
重複刺繡平針繡後，作緞面繡。

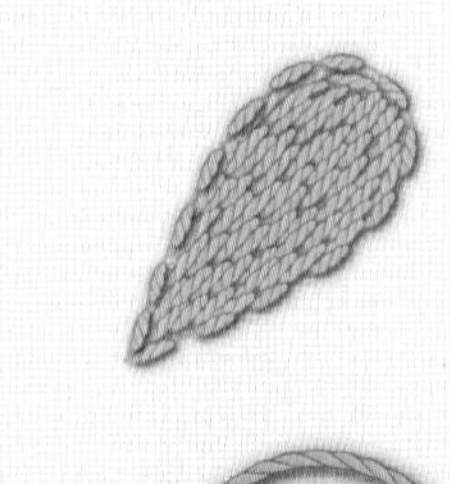

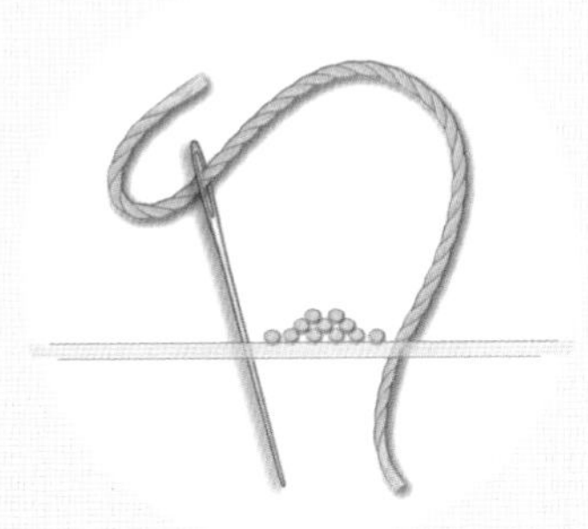

Variations —— 緞面繡的同類

Long and short stitch

長短針繡

以緞面繡的要領，形成長短的針目，由輪廓線向內側刺繡。

作併縫刺繡

作重疊刺繡

Roll stitch

捲縫緞面繡

首先作平針繡，
然後以該線為中心挑起布作捲縫。

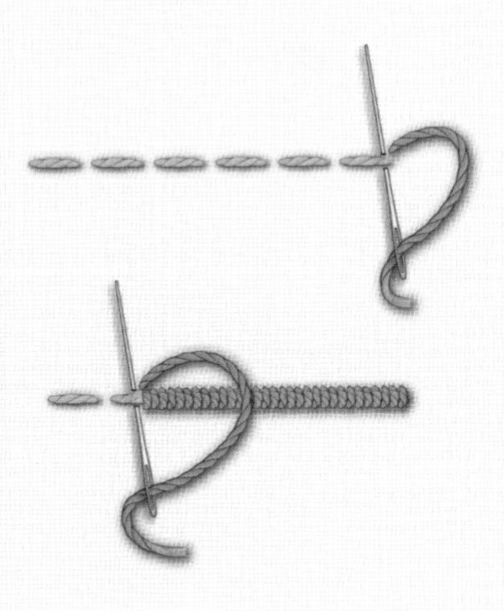

FRENCH KNOT STITCH

法式結粒繡

出針，將線在針上捲2圈，然後直接改變針尖的方向，將針垂直插入出針位置的旁邊。

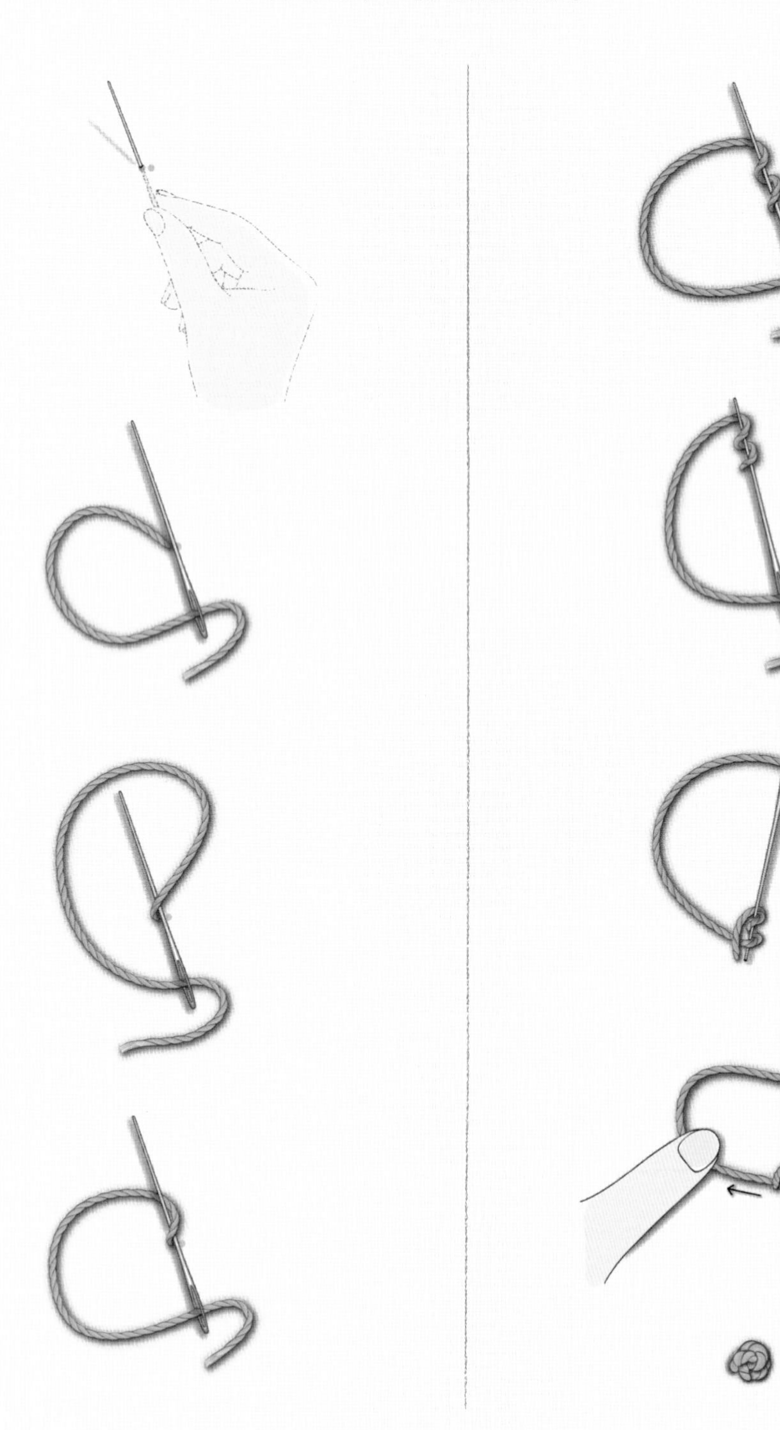

捲1圈

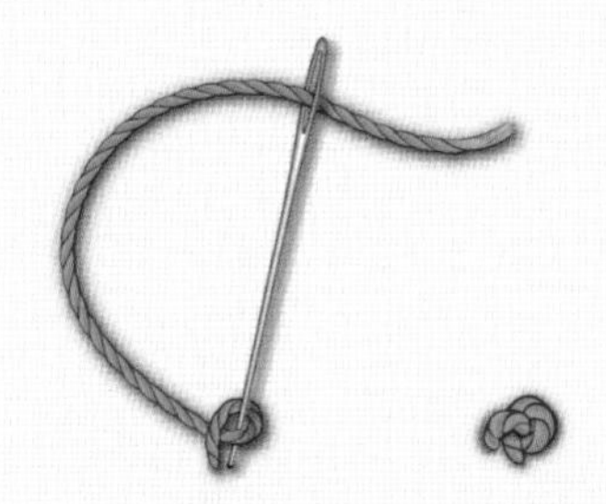

捲3圈

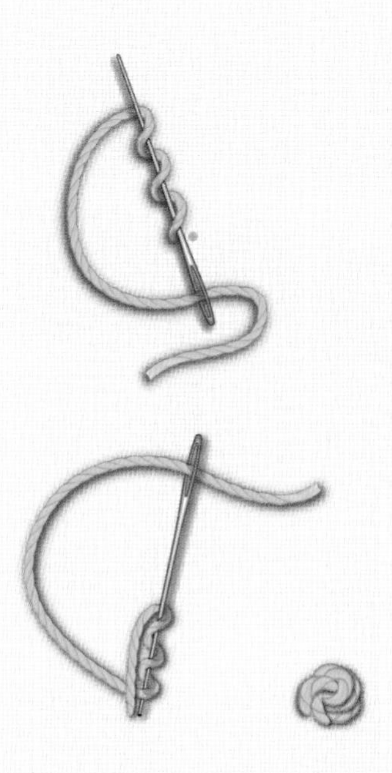

Long French knot stitch

長法式結粒繡

和法式結粒繡相同的要領，
但此針法是採針和出針的位置等間隔入針。

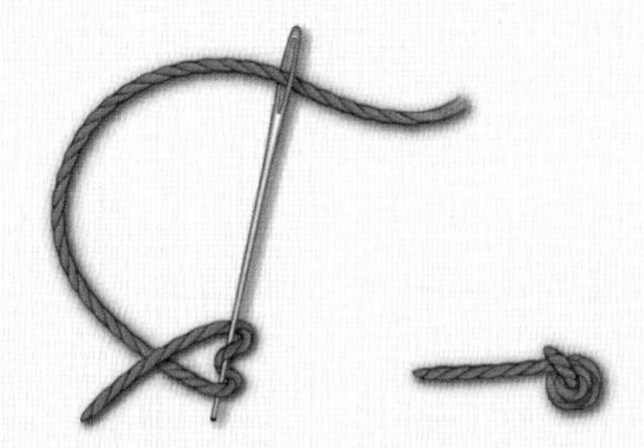

Coral stitch

珊瑚結繡

出針後，在圖案線上以直角捲繞布，
將線由上而下捲繞後拔出針，作結眼。

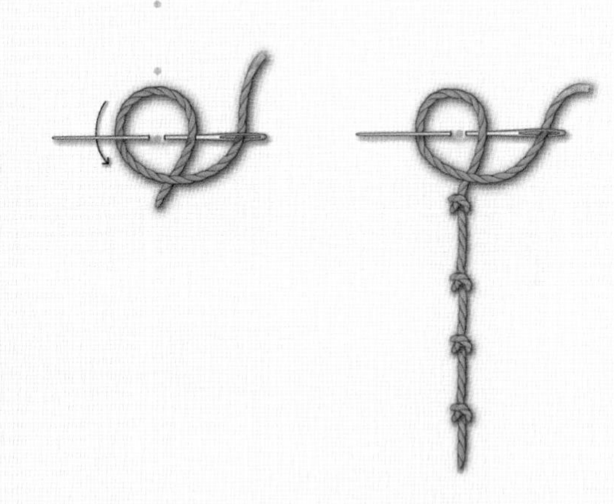

作鋸齒型刺繡

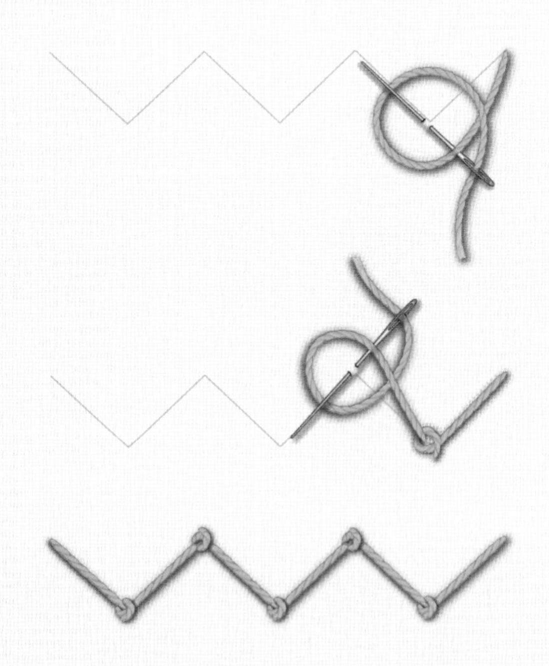

BULLION STITCH

捲線繡

出針，在☆記號入針，在最初的位置出針，然後捲繞線直到比針目稍長，邊用手指壓著針邊拔出針，接著再度在☆記號入針。

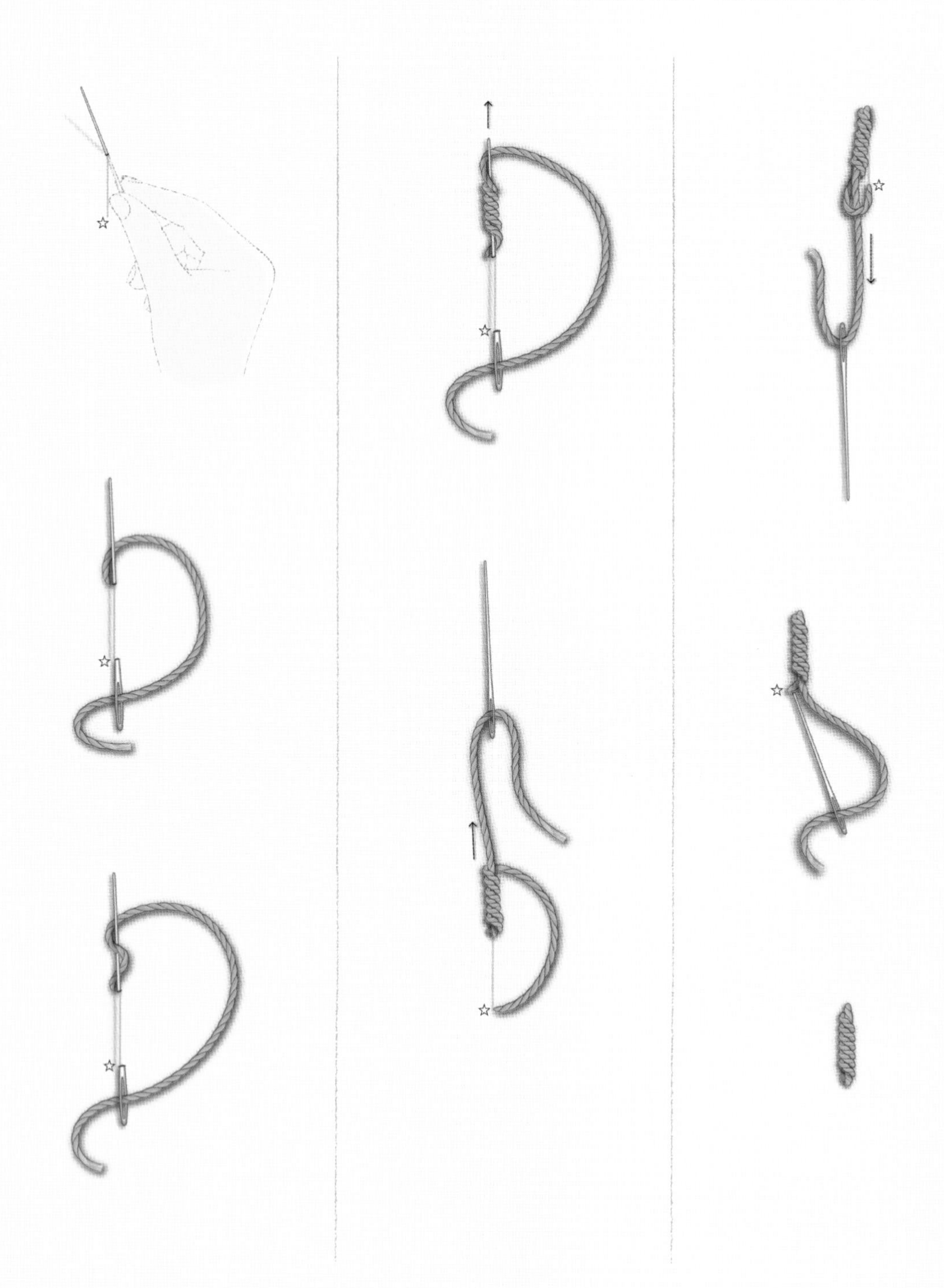

作曲線刺繡

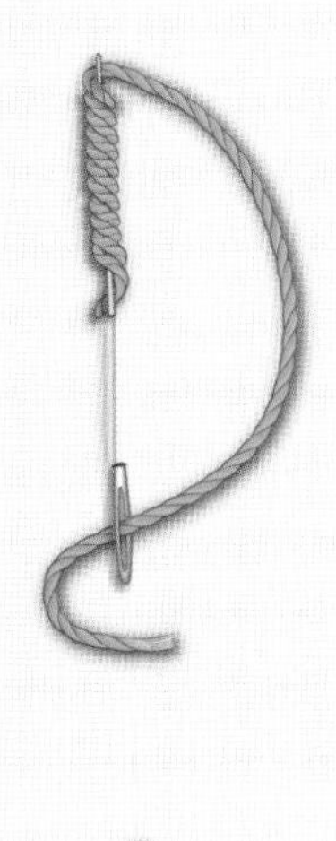

作水滴形刺繡

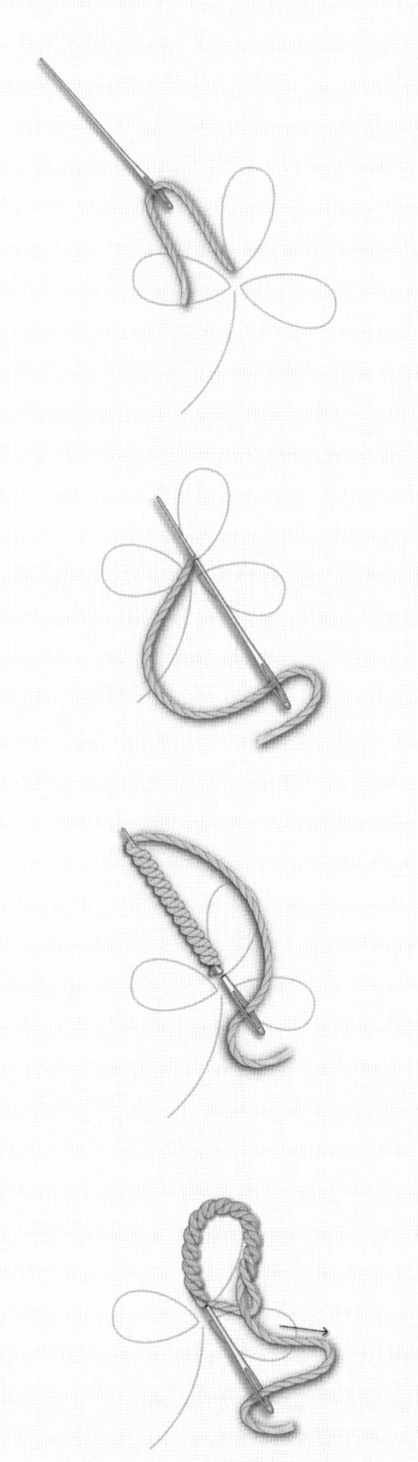

CHAIN STITCH

鎖鏈繡

在出針的同一個孔入針，把針稍微拉出（☆），將線掛在針尖上再拔出針。在☆記號入針，反覆相同的作業。

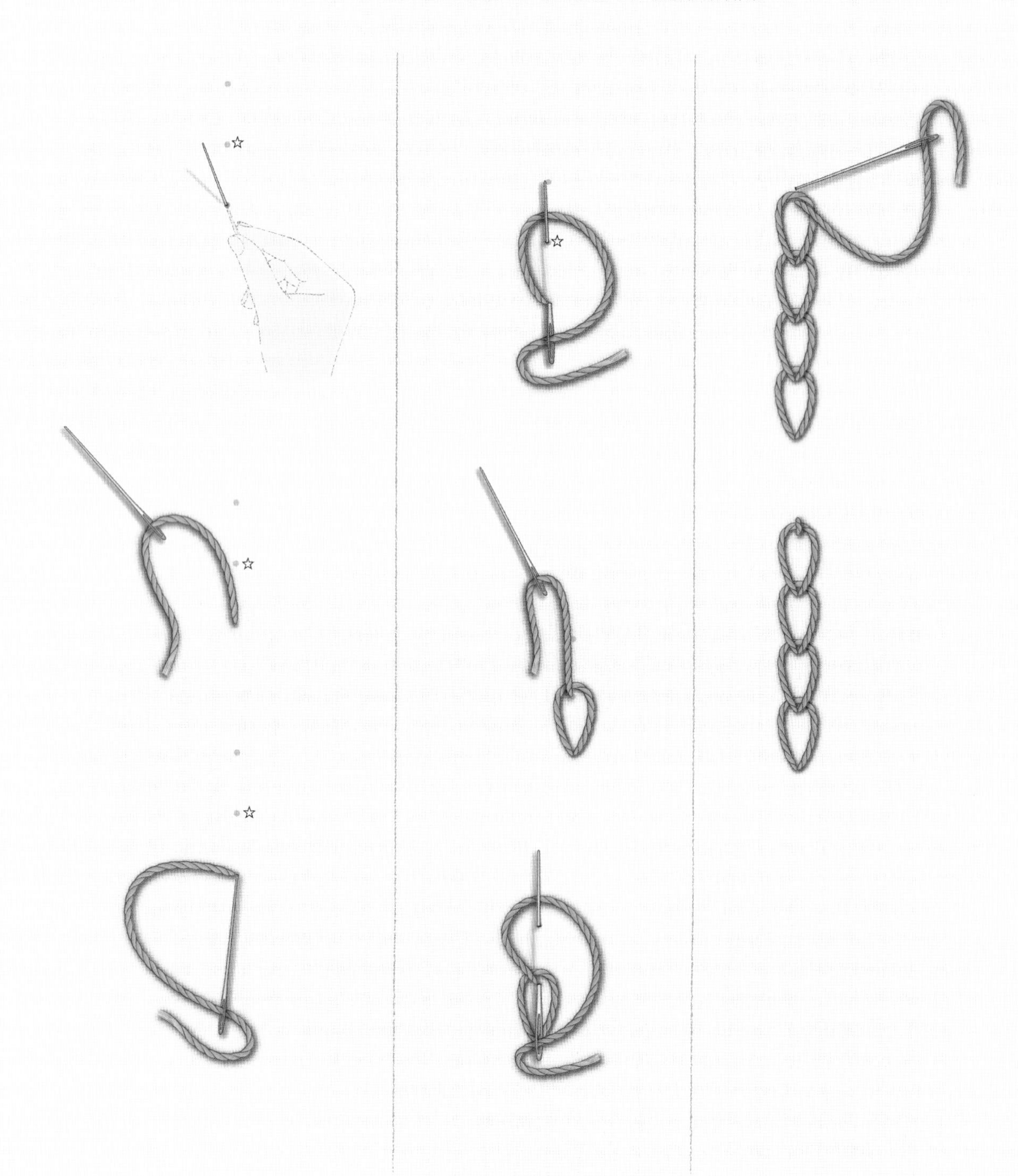

線的更換法

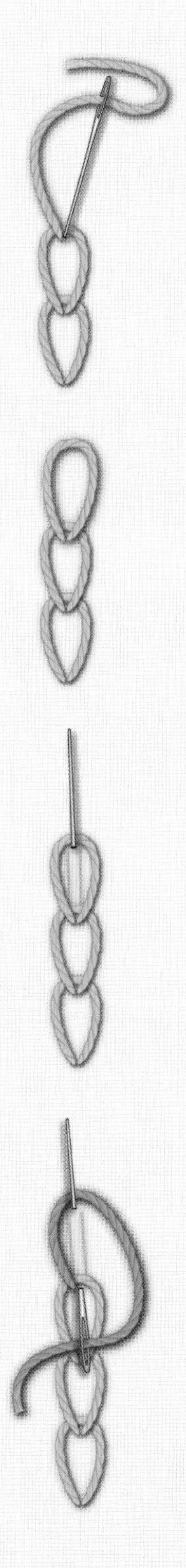

最初和最後的相連法

角的刺繡法

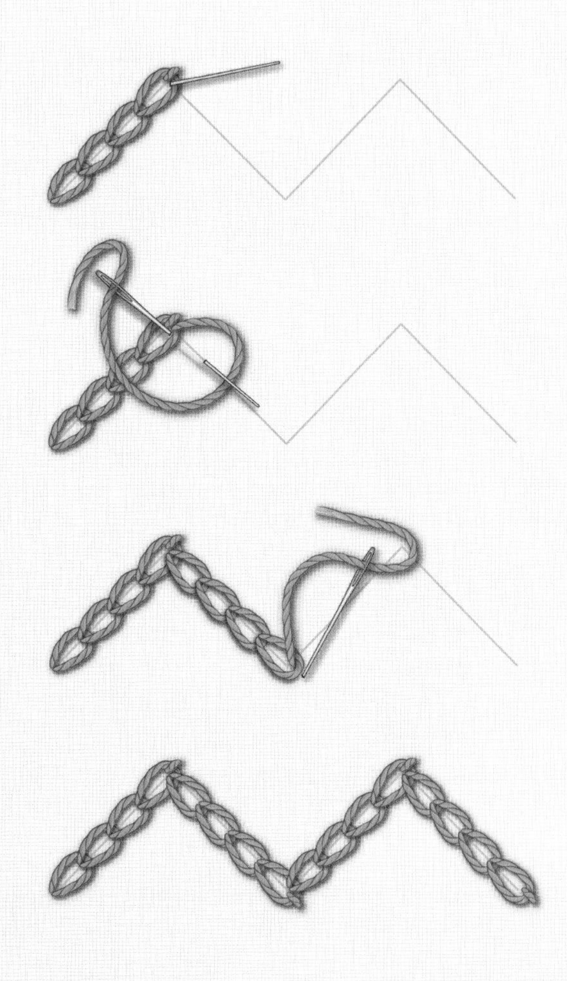

LAZY DAISY STITCH

雛菊繡

在出針的同一個孔入針，把針稍微拉出，將線掛上縫成小圈固定。

Double lazy daisy stitch

雙重雛菊繡

刺繡一個雛菊繡，然後在其內側刺繡小的雛菊繡，
作成雙層。

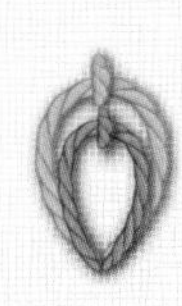

Threaded chain stitch

穿線鎖鏈繡

等間隔刺繡雛菊繡後，將不同的線上下交互穿過，
接下來以和對面連成一圈般的穿線。

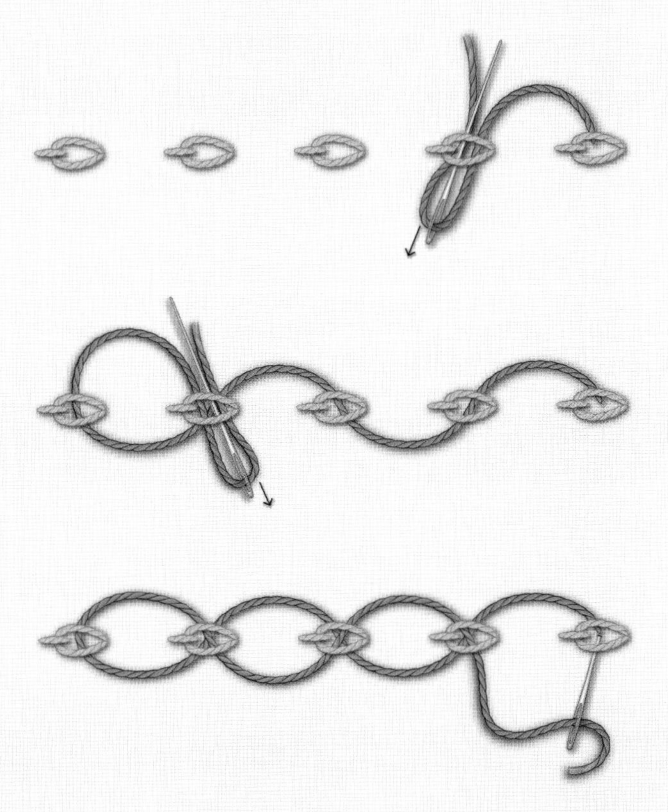

French lazy daisy stitch

法式雛菊繡

和雛菊繡相同要領，
但在固定圈圈時作法式結粒繡。

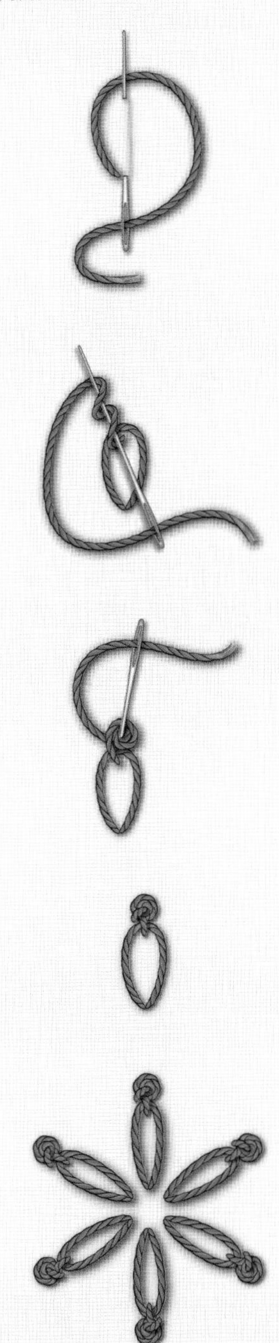

A B C D E F G H I

J K L M N O P Q R

S T U V W X Y Z

a b c d e f g h i

j k l m n o p q r

s t u v w x y z

1 2 3 4 5 6 7 8 9 0

＊請依自己喜好的大小放大或縮小，作為刺繡的圖案使用。

Other Stitches

各種的繡縫針法

除了「常用的10種繡縫針法」之外，接下來介紹一旦學會就對作品的製作有益的繡縫針法。
大致分為使用在姓名的首字母或花草等表現「線」、
使用在手帕或襯衣的「滾邊」上、作為重點花紋模樣的「題材」、
在填埋面的部份時刺繡的「編織」繡縫等四大種類。
想刺繡的繡縫針法，或組合想使用的繡縫針法等，請尋找可作為自由創作啓示的繡縫針法。

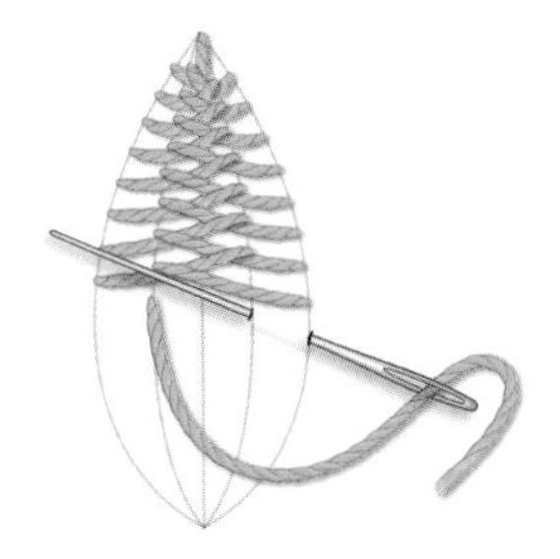

Feather stitch

羽毛繡

從出針的地方以描繪三角形般出入針，
將線掛在針上再往斜下方出針。

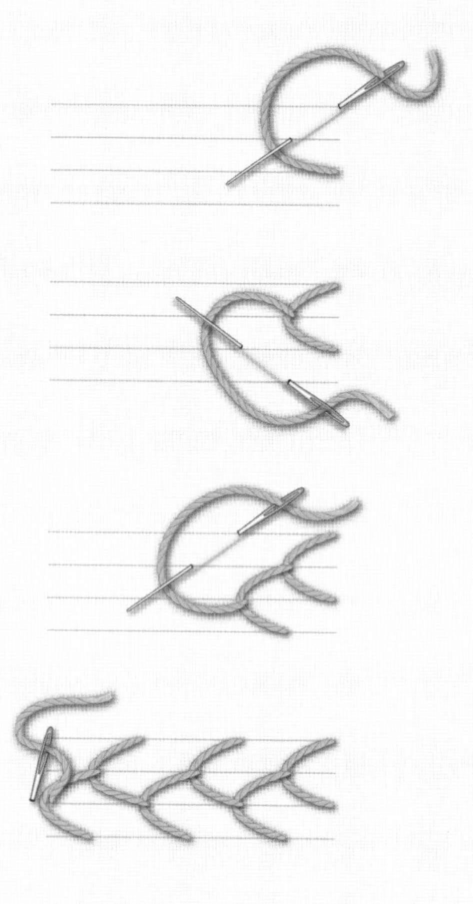

Double feather stitch

雙重羽毛繡

朝一方向刺繡3次羽毛繡，接著斜下2次、
斜上2次交互反覆刺繡。

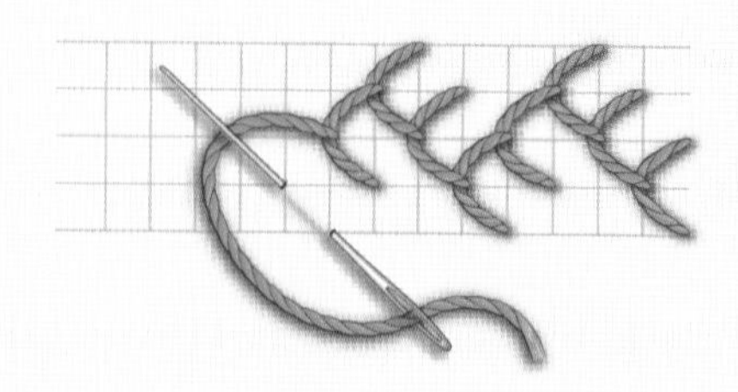

Treble feather stitch

三重羽毛繡

各反覆朝一方向刺繡3次羽毛繡，刺繡成山形般，
變成如鋸齒形的線。

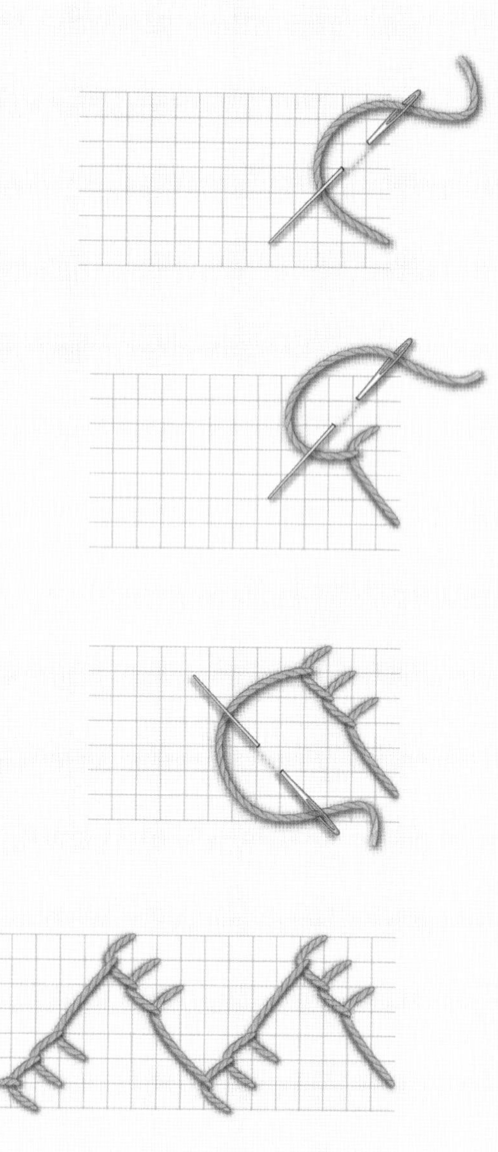

Knotted feather stitch

結粒羽毛繡

向左右刺繡羽毛繡後，在最初的線圈上穿過線，作小結。

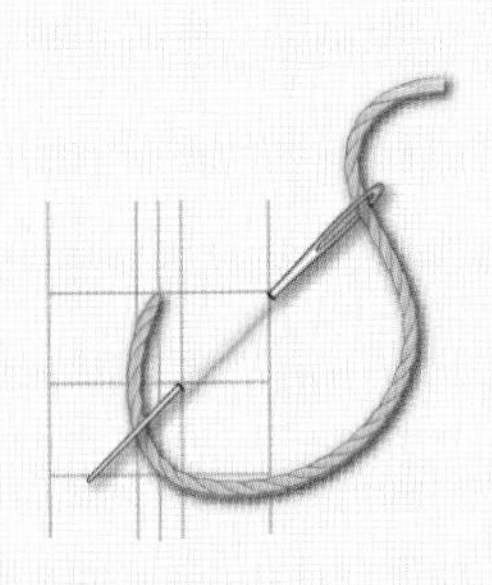

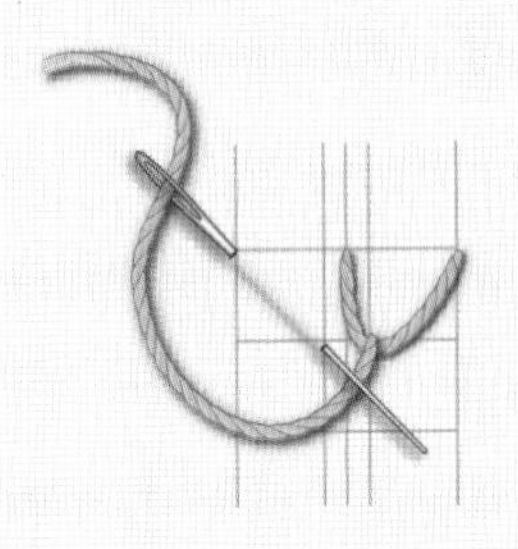

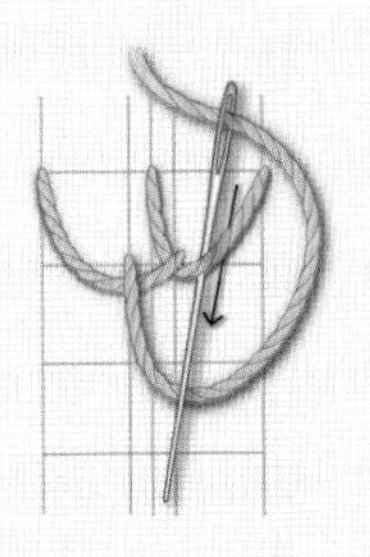

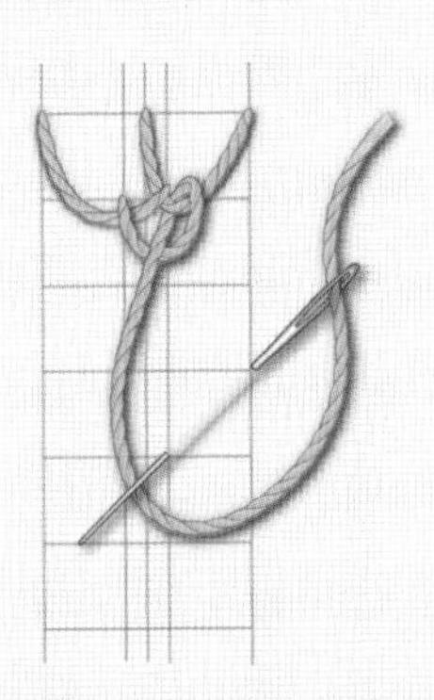

Closed feather stitch

閉鎖羽毛繡

刺繡一個羽毛繡後，將針插入最初出針的孔來刺繡。
如此就會在上下形成線。

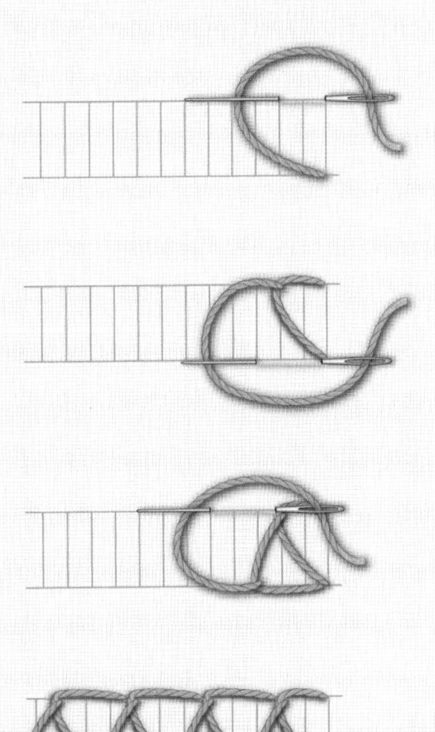

Long armed stitch

長臂繡

和羽毛繡相同的要領，只不過使中央成一直線般出入針。

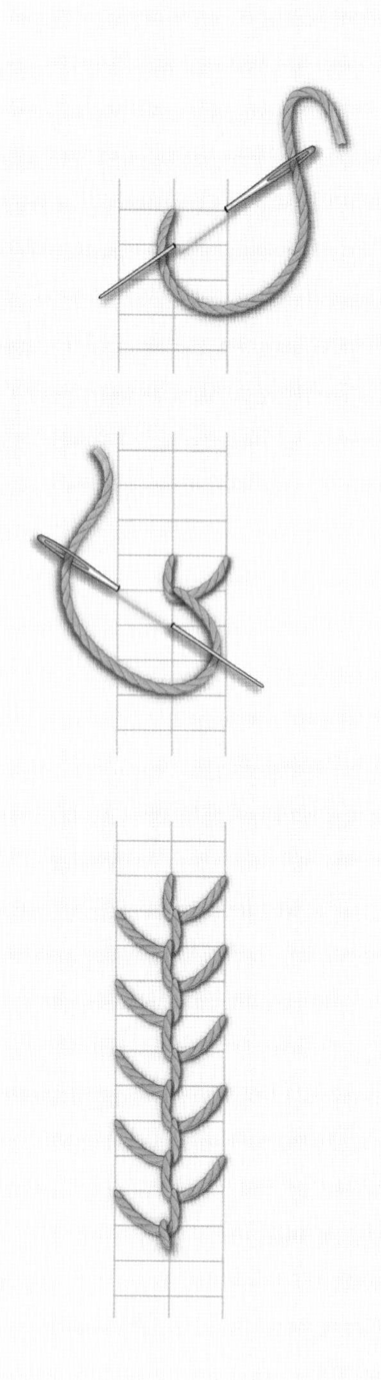

Herringbone stitch

人字繡

使上下能形成小交叉般，由左向右刺繡。也稱為千鳥掛。

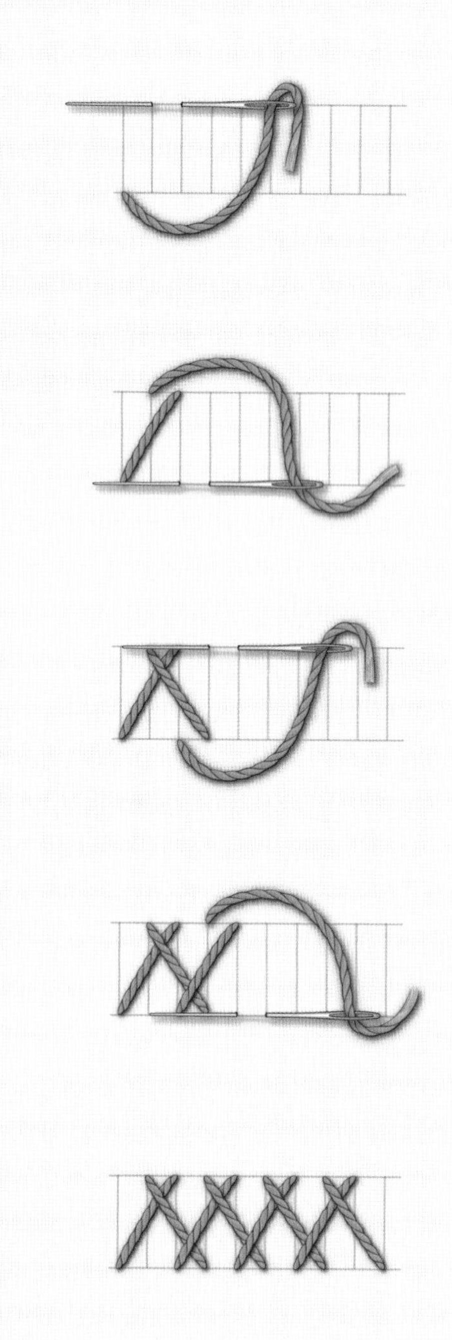

Closed herringbone stitch

閉鎖人字繡

以人字繡的要領，間隔密集地刺繡的繡縫法。

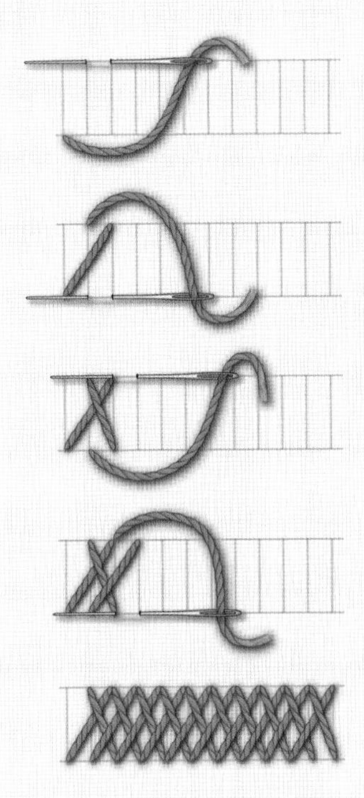

Threaded herringbone stitch

穿線人字繡

刺繡人字繡後，用不同的線上下交互穿繞。

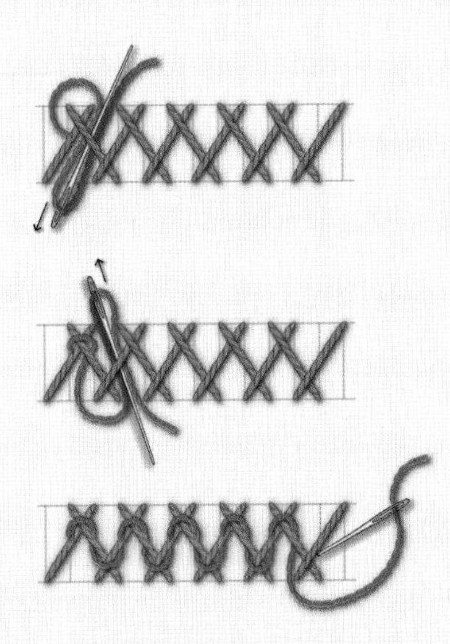

Chevron stitch

山形繡

往側邊一小段入針後移向右斜下，再往側邊一小段入針後再移向右上，如此反覆作V字形刺繡。

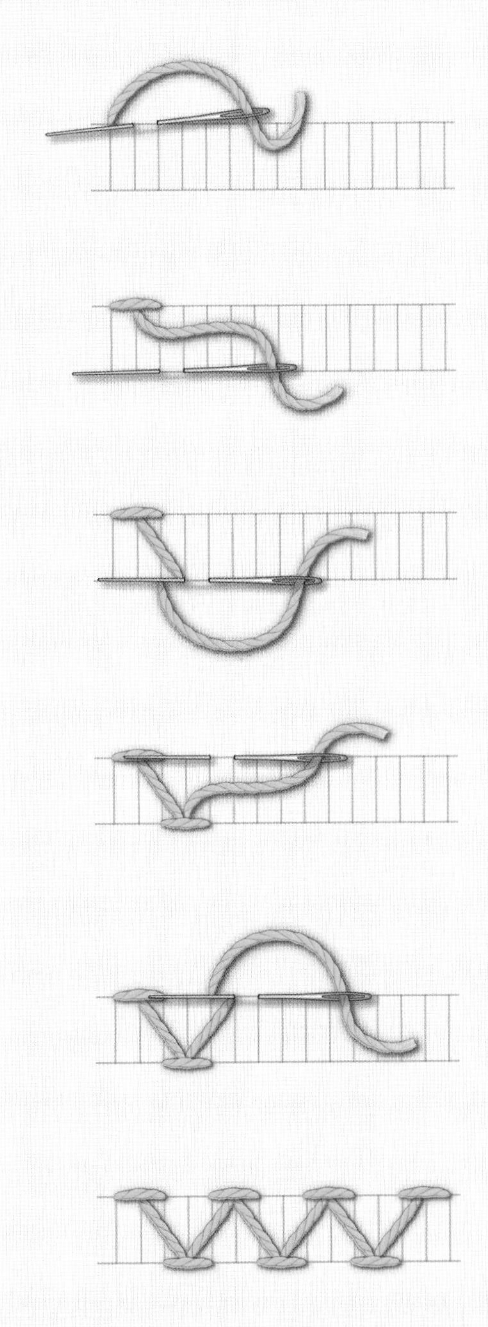

Threaded back stitch

穿線回針繡

在回針繡的針目上，將不同線上下交互穿繞。

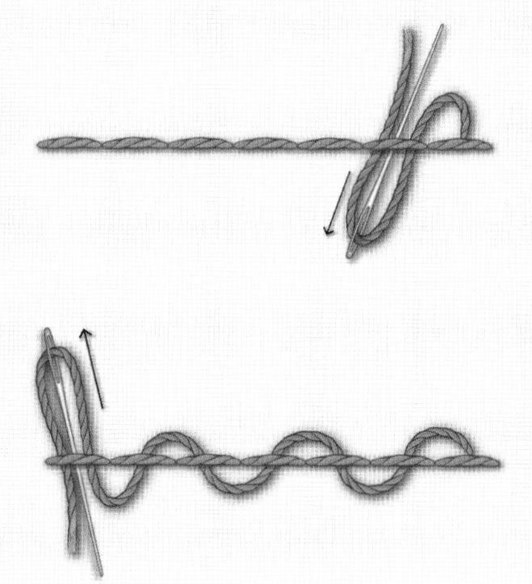

Double threaded back stitch

雙重穿線回針繡

繡好穿線回針繡後，再以不同線和對面連成一圈般的穿繞。

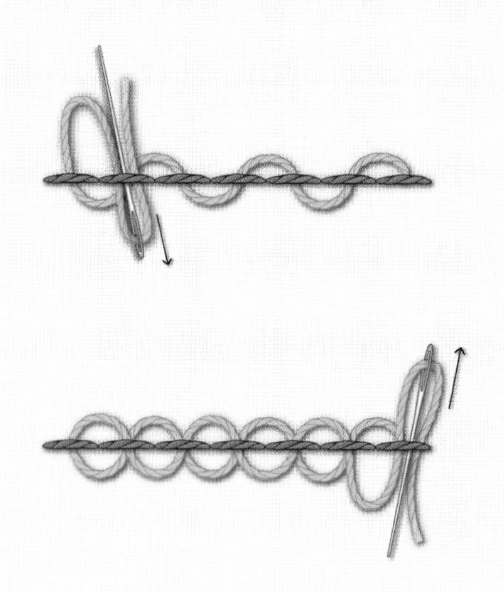

Split stitch

裂線繡

雖然和輪廓繡相同要領，但稍微挑起布出針時，
將線分割再拉出針。

將1條線分割的情形

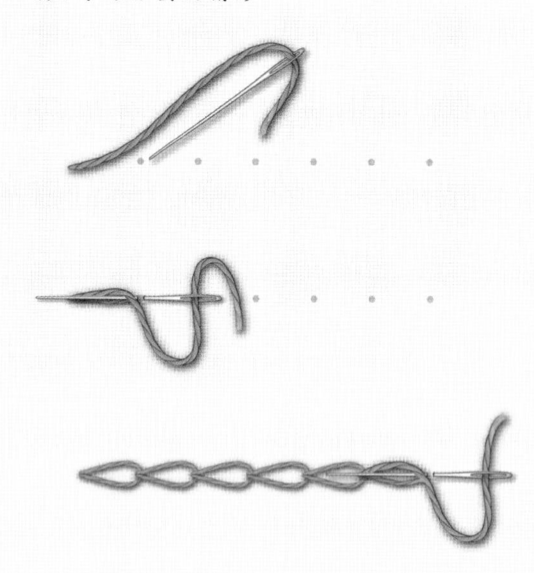

顏色不同的2條線的情形

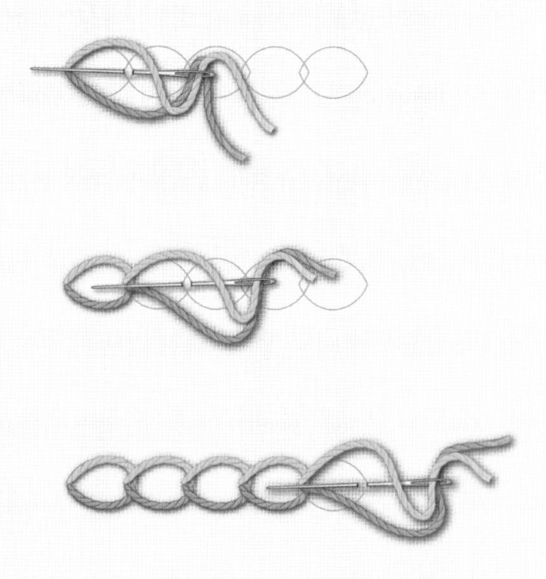

Alternating stem stitch

交替輪廓繡

雖然和輪廓繡相同要領，但出針時將線上下交互放置。

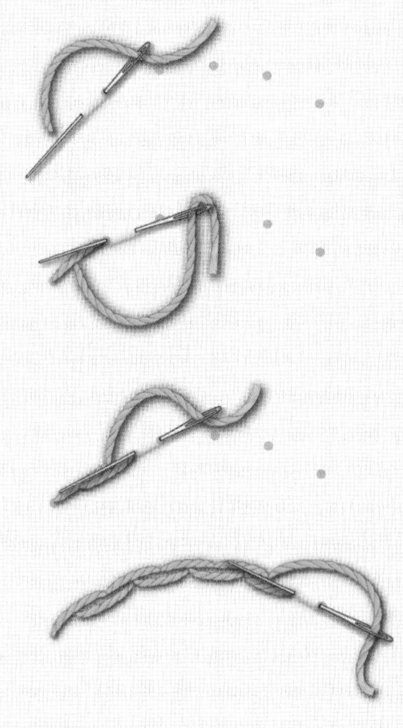

Fringe stitch

邊緣繡

和交替輪廓繡相同要領，只不過放鬆下側的線作垂飾狀。

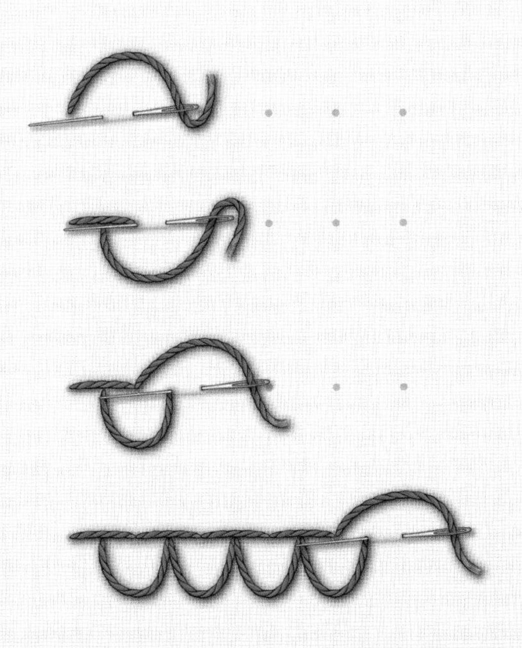

Cable stitch

繩股繡

連續次繡德式結粒繡。

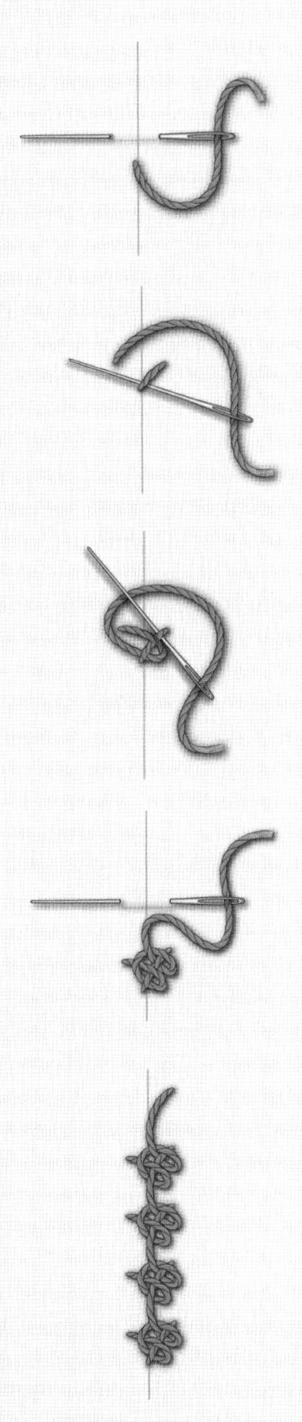

Chequered chain stitch

雙色鎖鏈繡

將不同色的2條線穿在1根針上，
和鎖鏈繡相同要領挑起布，
在針上交互掛上1條線後拉出針。

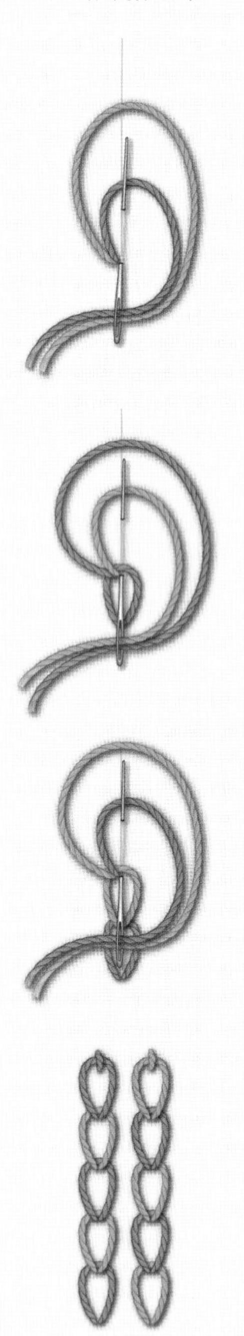

Double chain stitch

雙重鎖鏈繡

和鎖鏈繡相同要領，
但接著入針時是在最初位置的邊緣插入，
以此要領上下交互反覆刺繡。

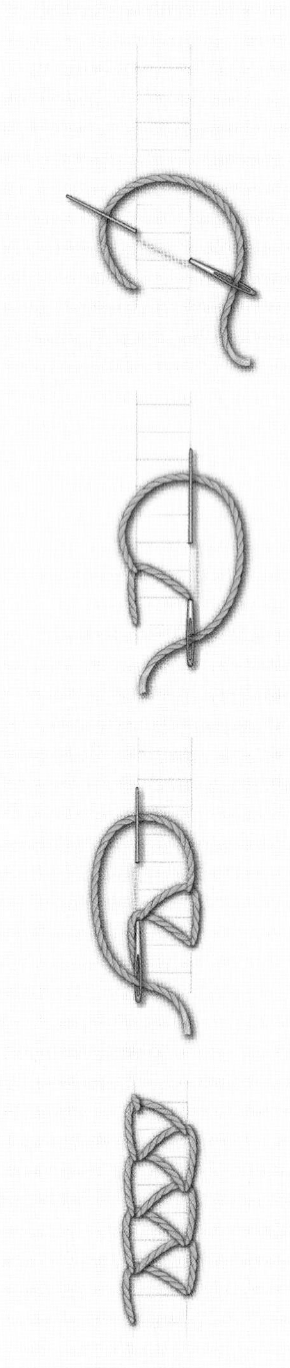

Open chain stitch

開口鎖鏈繡

和鎖鏈繡相同要領，
但接著入針時在側邊取間隔，
即可繡出寬幅的鎖鏈。

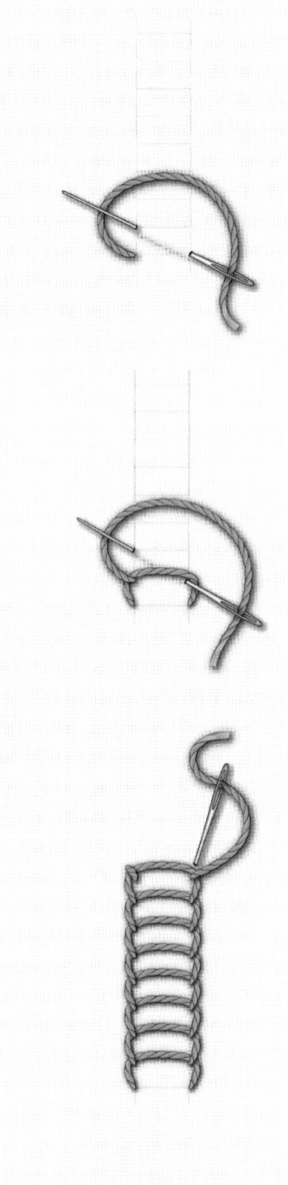

Twisted chain stitch
扭轉鎖鏈繡

和鎖鏈繡相同要領，但接著入針時在圈外以扭轉的方式把線掛上。

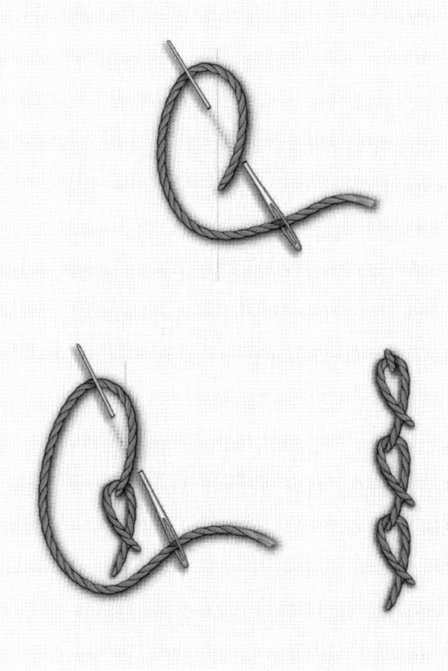

Whipped chain stitch
繞線鎖鏈繡

刺繡鎖鏈繡後，將不同線在鎖鏈上捲繞。

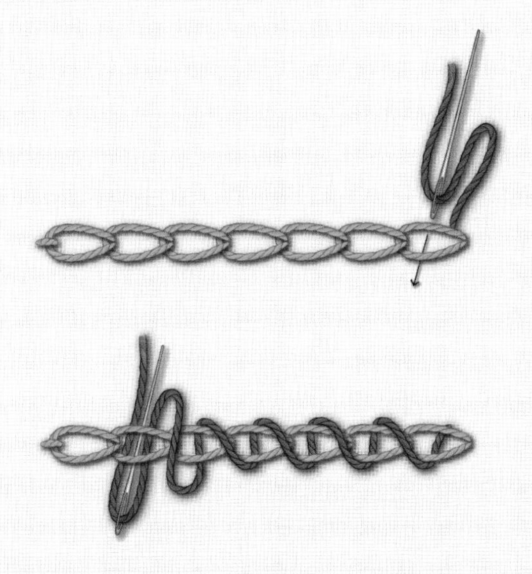

Cable chain stitch
繩股鎖鏈繡

出針後，將線掛在針尖上，
邊用手指壓住邊在稍前方挑起布出針，如此反覆進行。

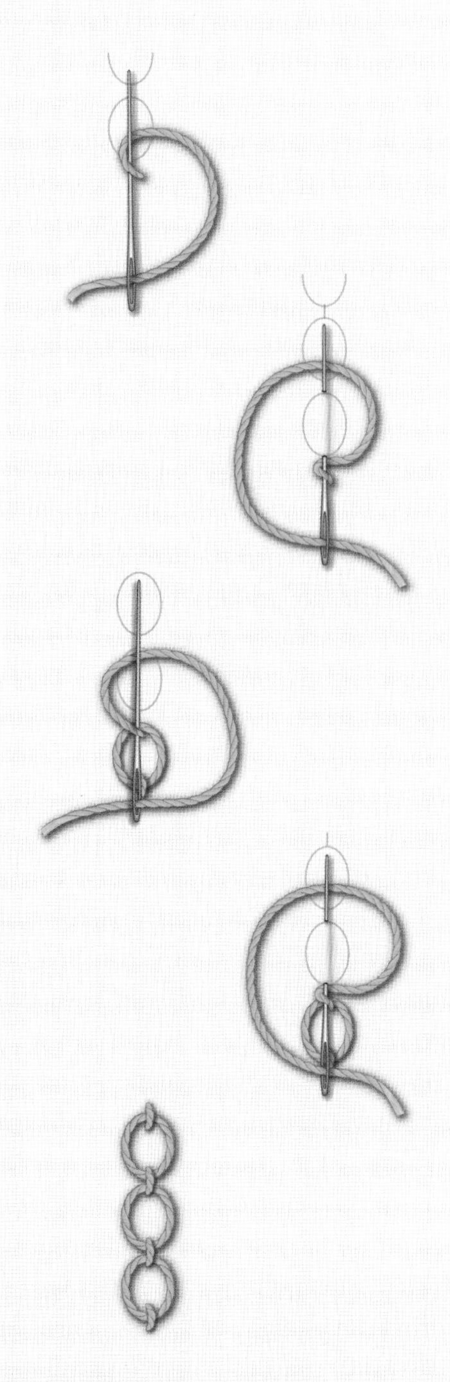

Blanket stitch

毛邊繡

出針後，將針插入稍有距離的左下方垂直出針，
將線掛在針尖後拉出，如此反覆進行。

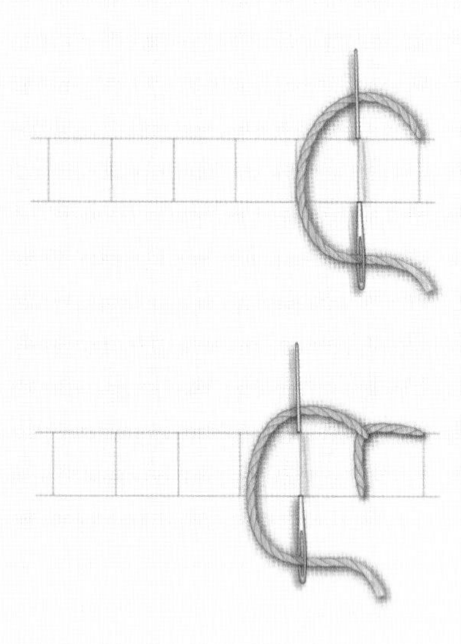

毛邊繡的應用

A

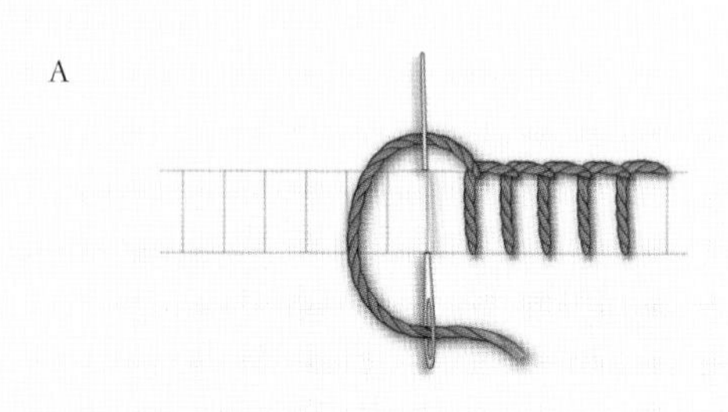

B

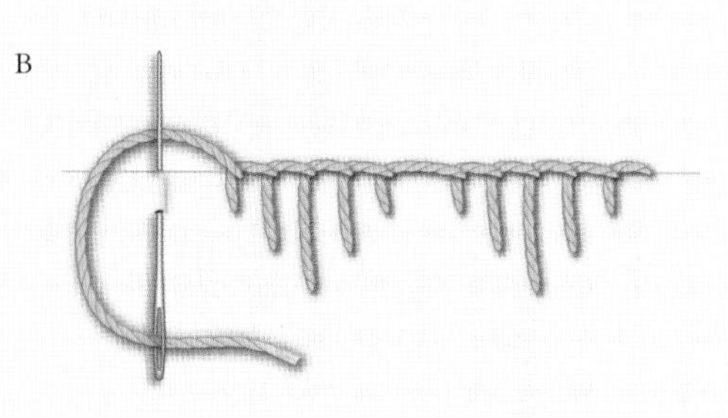

Hem stitch

花邊繡

和毛邊繡相同要領，但從同一針孔刺繡成三角狀。

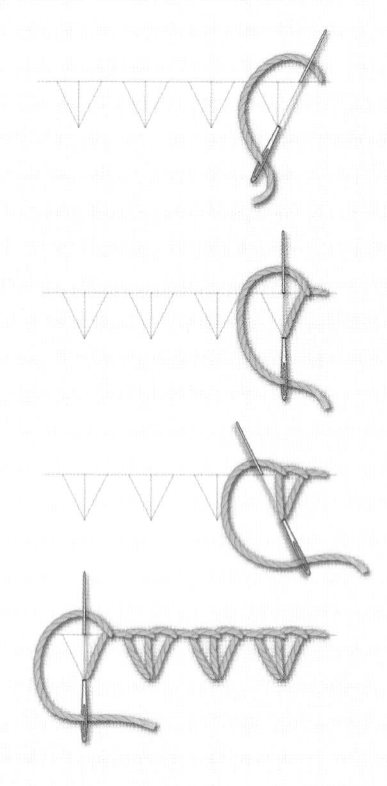

Blanket ring stitch

輪狀毛邊繡

和毛邊繡相同要領，但都從同一針孔繞1圈，
以畫圓的方式刺繡。

Honeycomb stitch

蜂巢繡

第1段是將毛邊繡的線放鬆後刺繡，
第2段開始邊拉上放鬆的線邊刺繡成如蜂巢般的形狀。

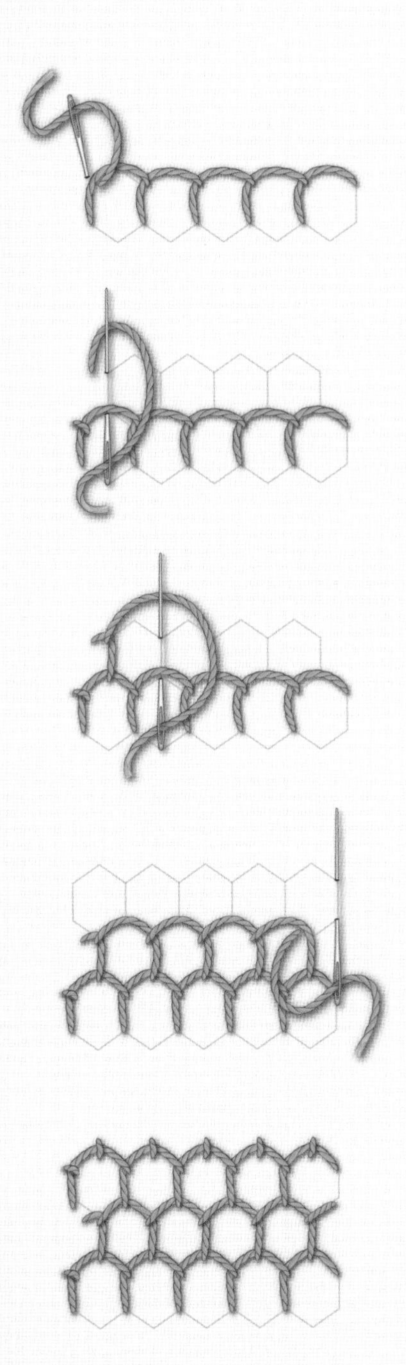

Scallop stitch

扇形邊線繡

沿著圖案刺繡平針繡，
然後在它的上面刺繡縮小針目的毛邊繡。

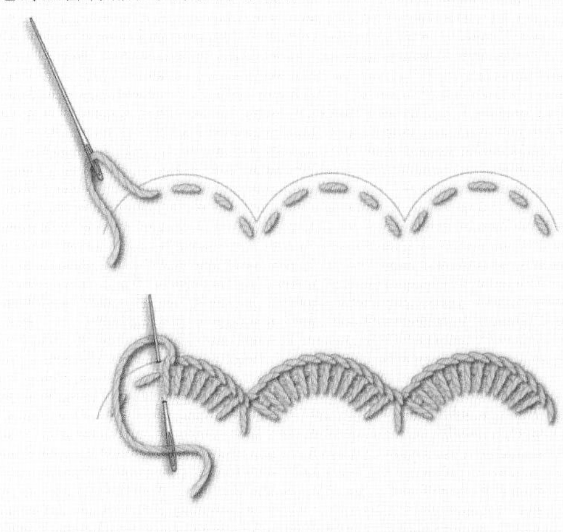

Whipped blanket stitch

繞線毛邊繡

刺繡毛邊繡後，以不同的線捲繞。

Tailored buttonhole stitch

裁縫扣眼繡

和毛邊繡左右相反出針掛線，縮小間隔後密集地刺繡。

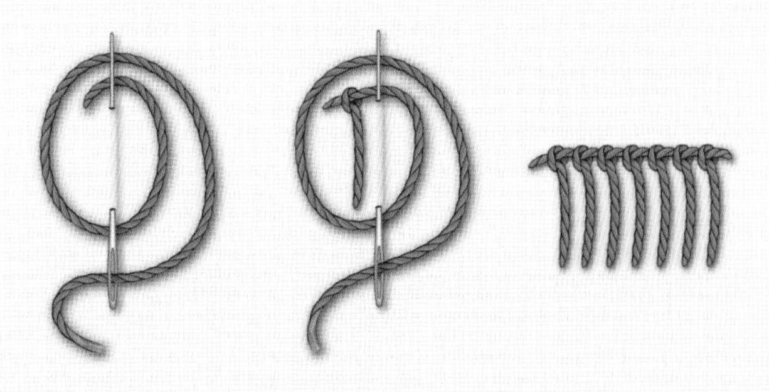

Fly stitch

飛蠅繡

從出針的地方以描繪三角形的方式出入針，插入下面後止縫固定。

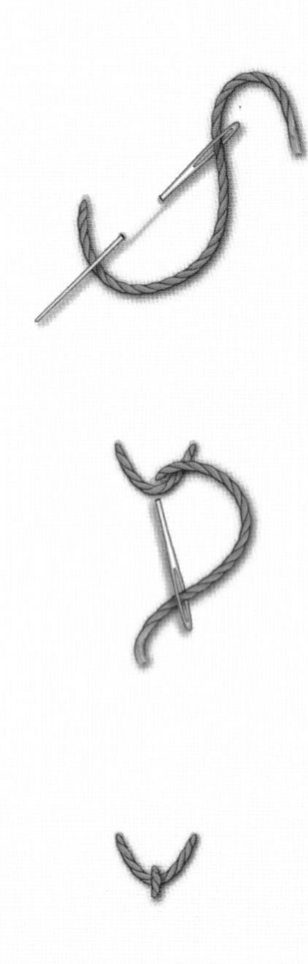

飛蠅繡的應用

A

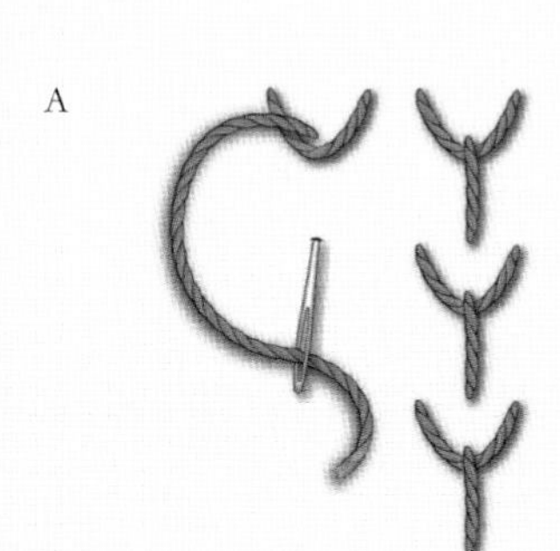

B

C

D

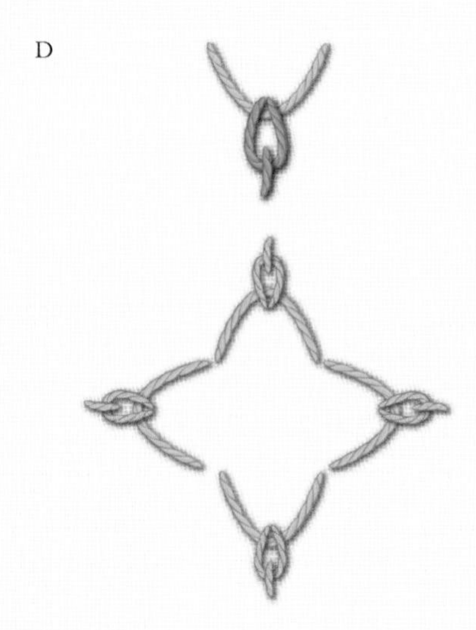

Double fly stitch

雙重飛蠅繡

和飛蠅繡相同要領刺繡大一點的飛蠅繡，
在內側再刺繡小一點的飛蠅繡後止縫固定，如此反覆。

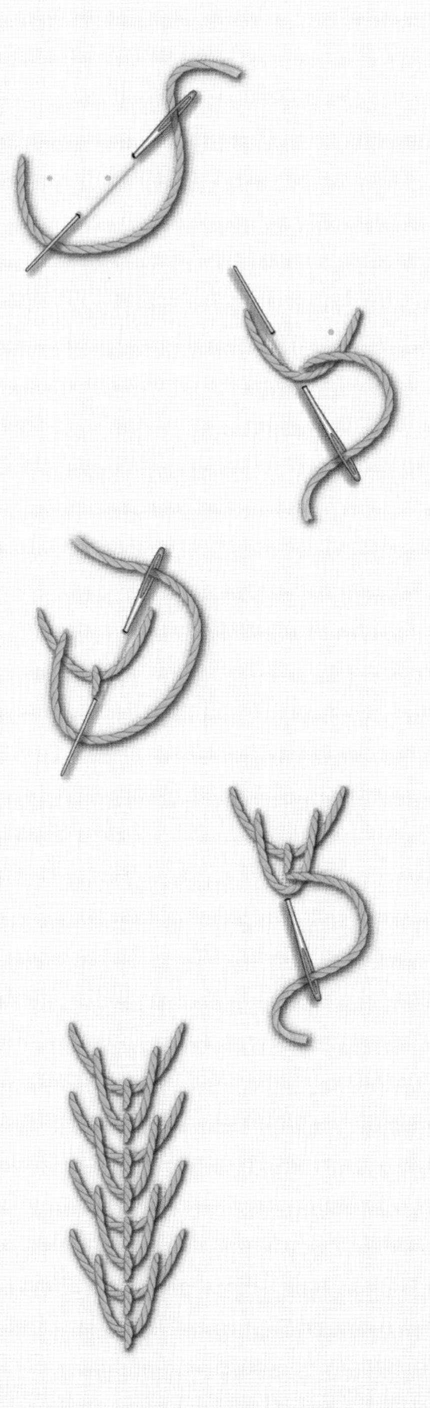

Varied fly stitch

變化飛蠅繡

刺繡一個飛蠅繡後，以形成對稱的方式在下側入針，
穿過中央的線後入針。

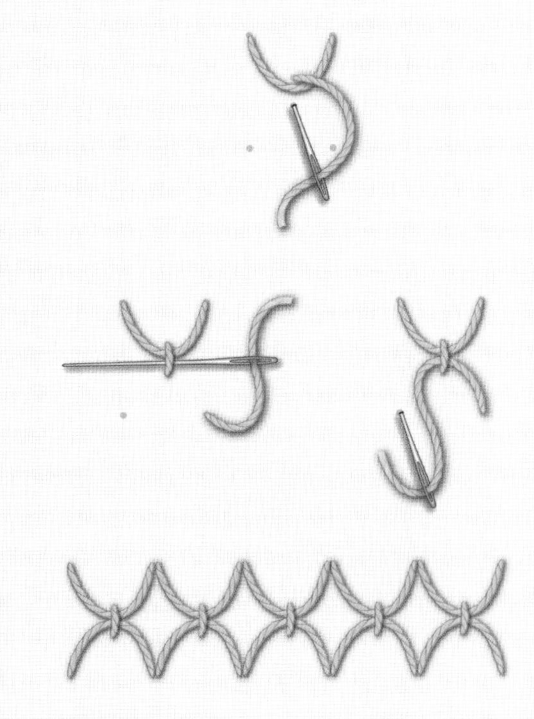

Plaited fly stitch

褶狀飛蠅繡

和飛蠅繡相同要領，一面由左向右重疊一面刺繡。

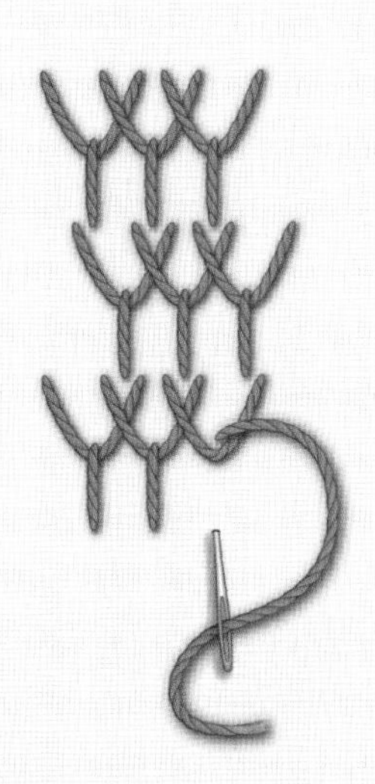

Cross stitch

十字繡

將線交叉刺繡成X字的針法。刺繡2個以上時，
有各種的行進方向。

作縱向刺繡的情形

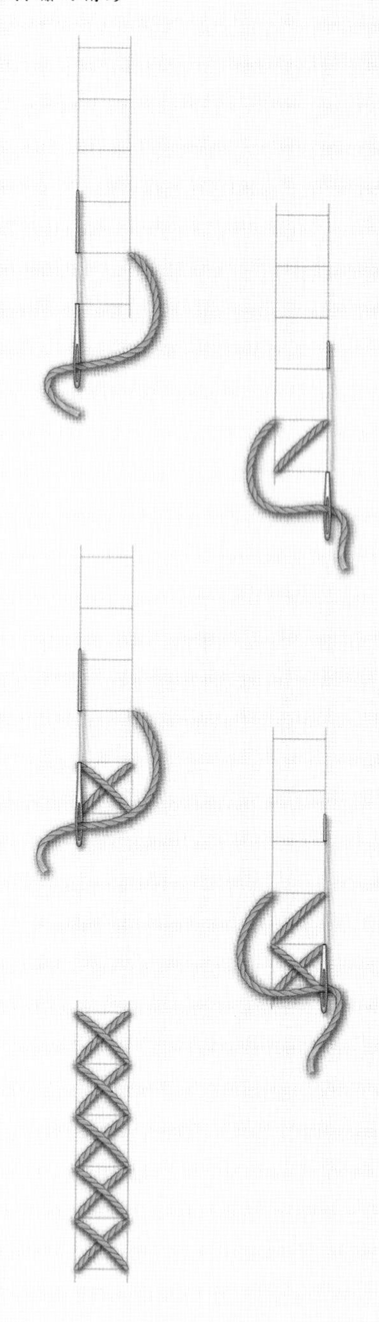

作橫向刺繡的情形

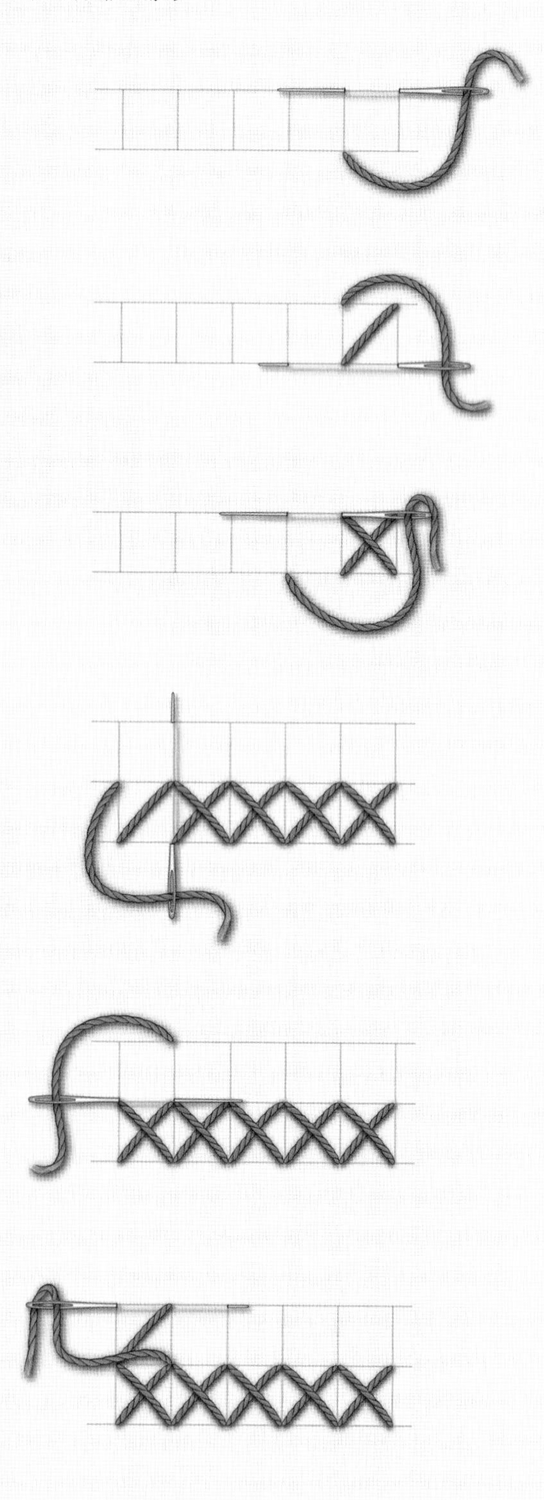

由右上向左下刺繡的情形

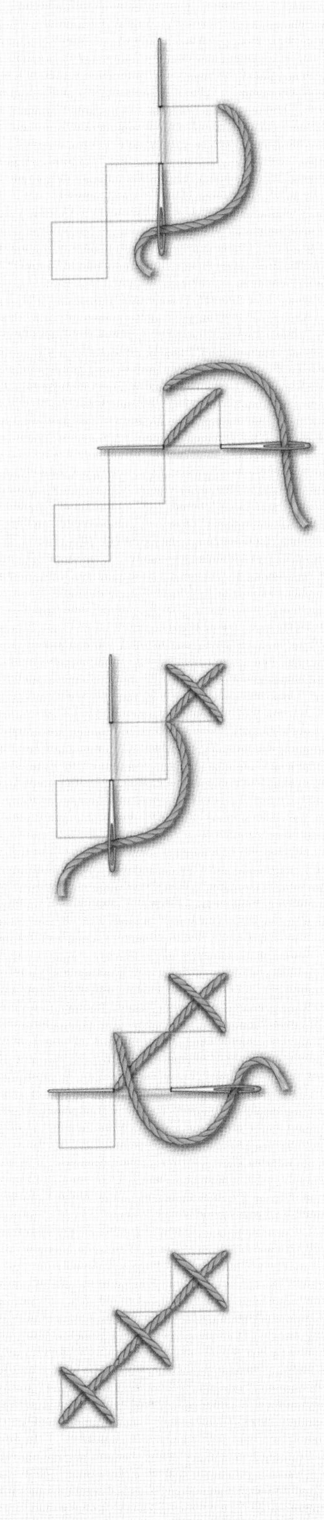

由左下向右上刺繡的情形

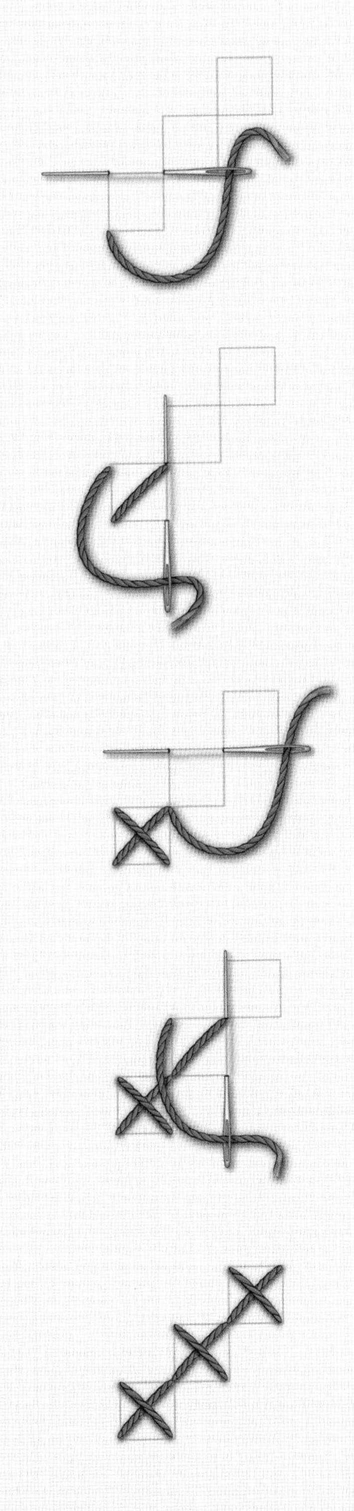

Cross stitch

連續刺繡的情形（寬廣面）

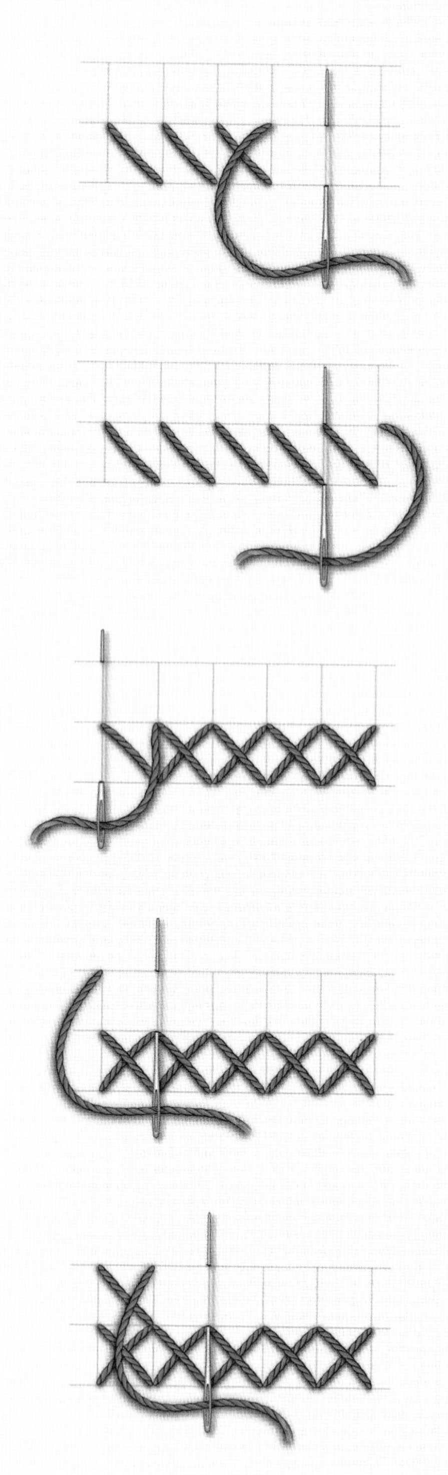

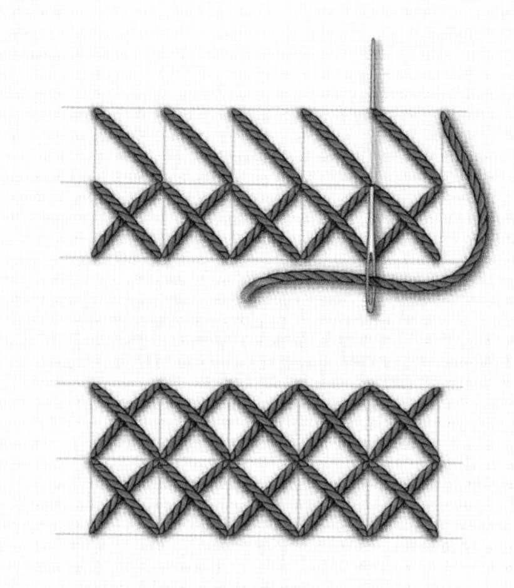

針的方向不同的情形

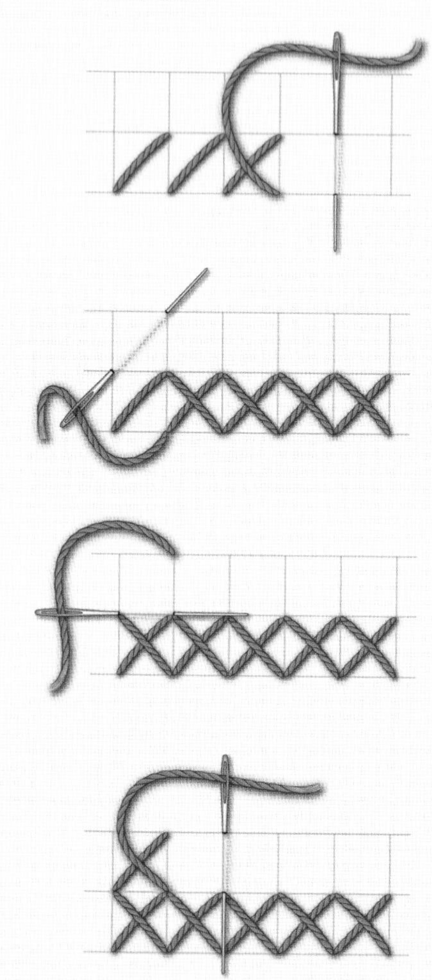

Half cross stitch

半十字繡

以十字繡的要領，僅刺繡一半。

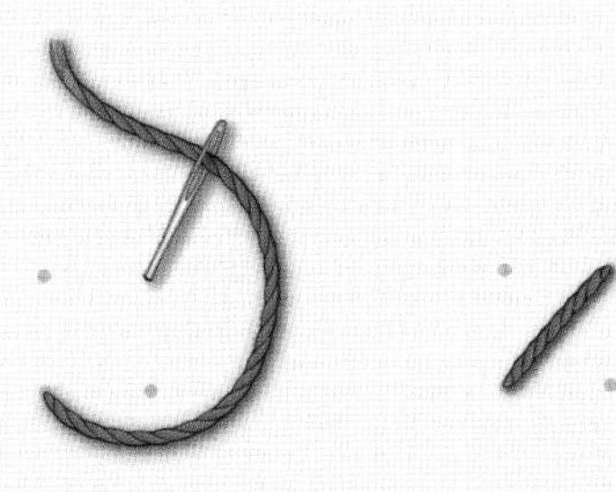

大尺寸的情形

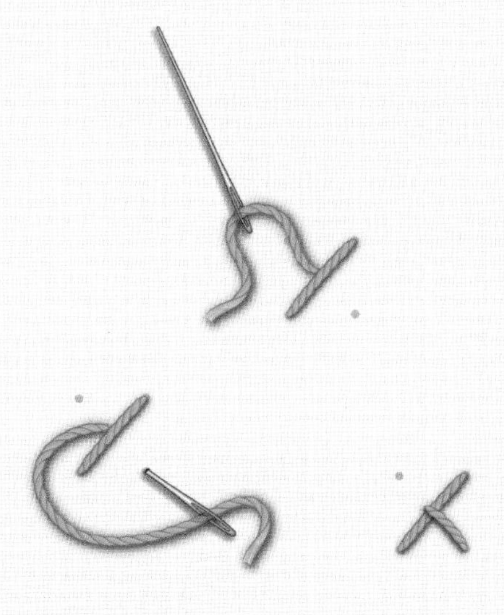

Cross band stitch

十字腰帶繡

刺繡十字繡後，在中央的交叉部分止縫固定。

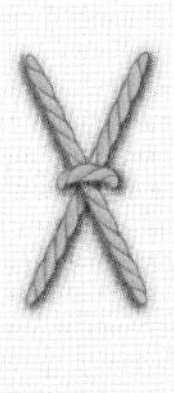

Double cross stitch

雙重十字繡

以X字刺繡十字繡後，在上面重疊刺繡十字。

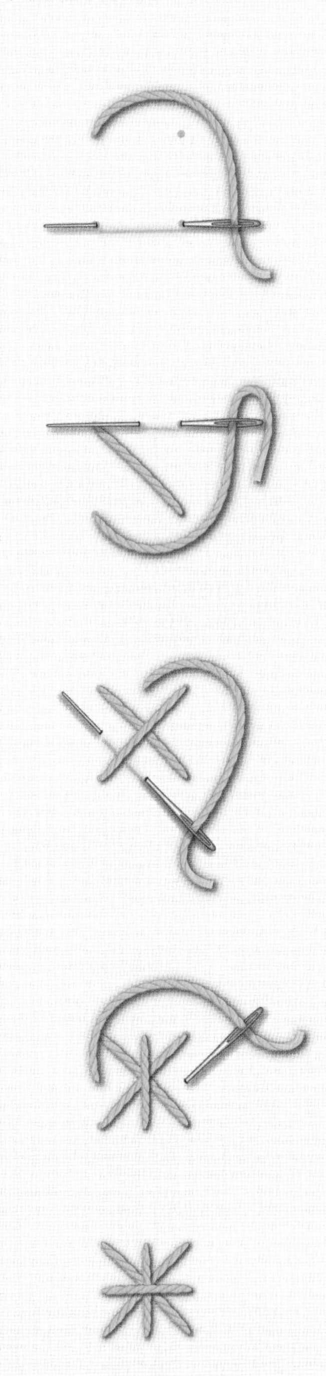

Knot cross stitch

結粒十字繡

雖然和十字繡相同要領，但在交叉時會在中央作結眼。

Star cross stitch

星形十字繡

以雙十字繡的要領，後繡的十字作小針目。

Star filling stitch

星形填針繡

刺繡雙十字繡後，在中央重疊刺繡十字繡。

Fern stitch

羊齒繡

以直線繡的要領，如同描繪箭頭的方式刺繡。

Fishbone stitch

魚骨繡

將直線繡以羊齒繡的要領入針，第3針稍微移位，
使中央變成2條線般刺繡。

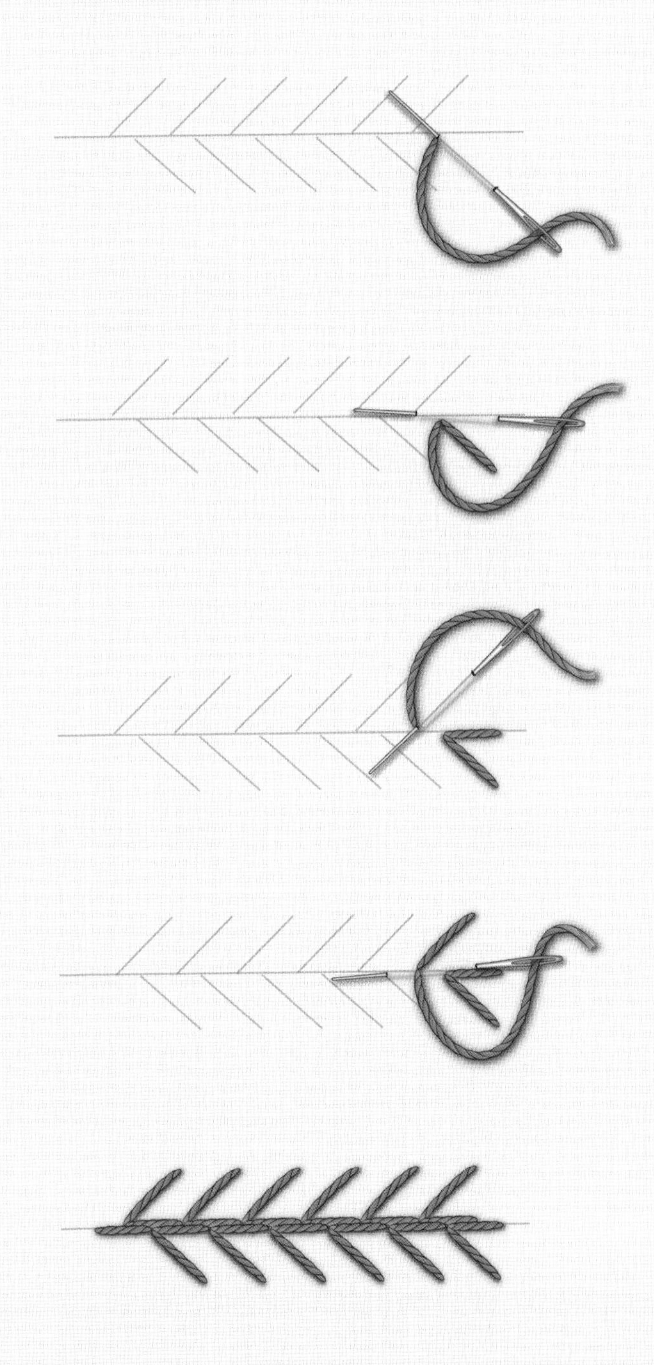

Leaf stitch A

葉子繡A

縱向刺繡1條線，接著將飛蠅繡縮小間隔密集地刺繡，
形成葉子的形狀。

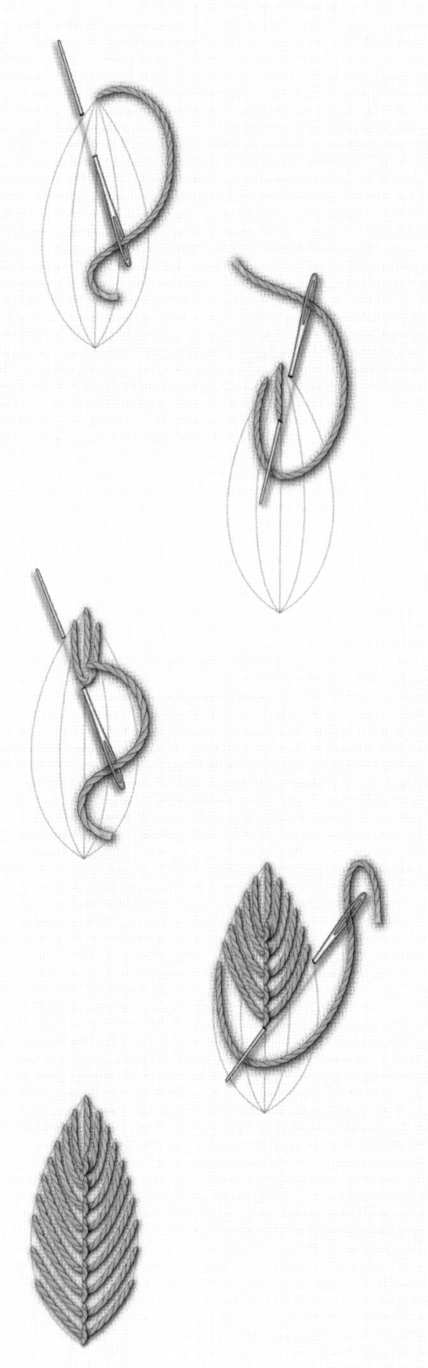

Leaf stitch B

葉子繡B

將人字繡由下往上，縮小間隔密集地刺繡，
形成葉子的形狀。

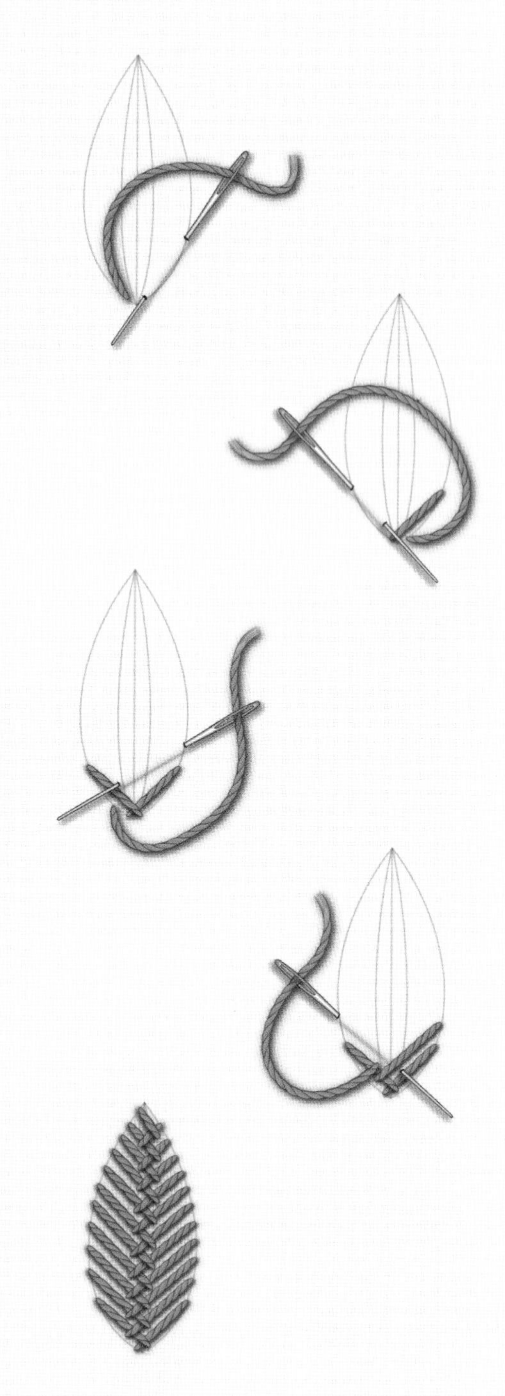

Self padded leaf stitch

自我填充葉子繡

縱向刺繡1條線，一側由左下往右上，一側是由左上往右下跨越線，交互重疊刺繡成葉子的形狀。

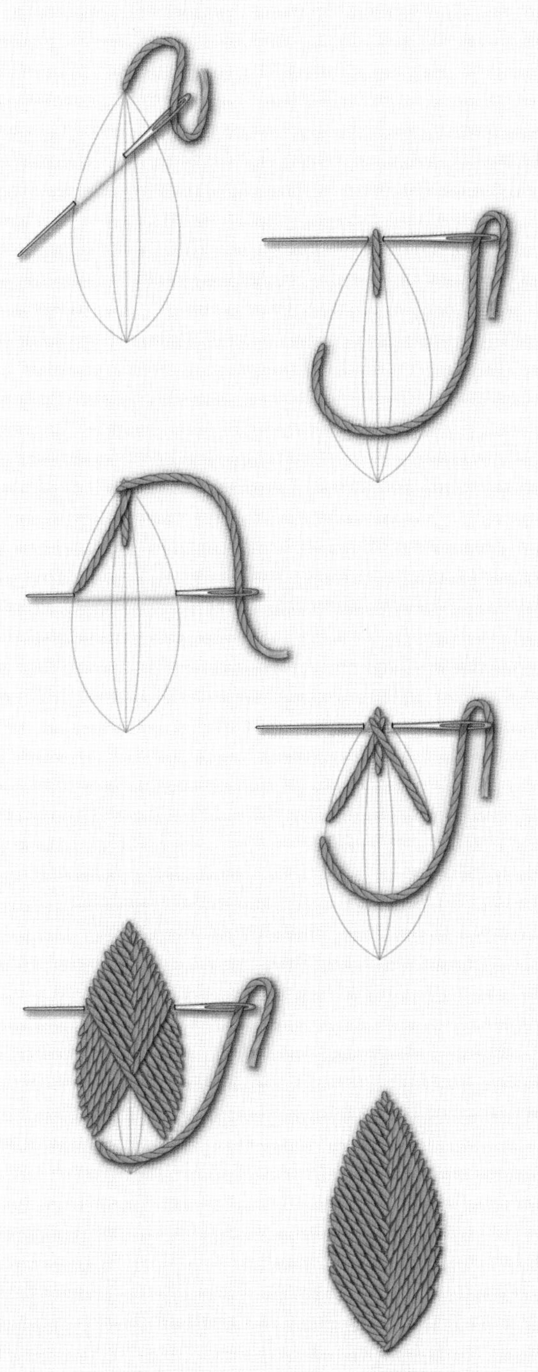

Cretan stitch

克里特島繡

以羽毛繡的變形，左右交互縮小間隔密集地刺繡，形成葉子的形狀。

Bullion bar stitch

捲條繡

刺繡一條跨線後，密集地捲線。2條時要領也相同。

A

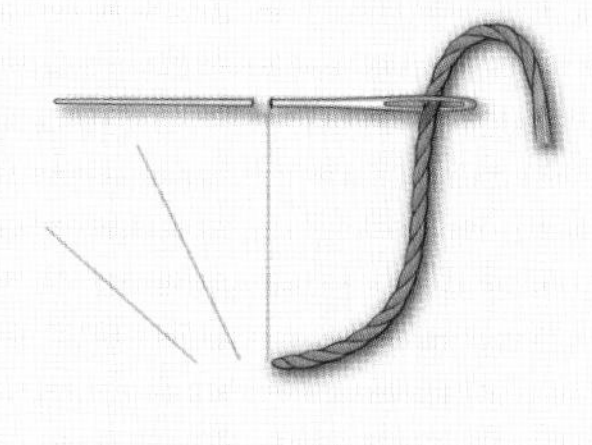

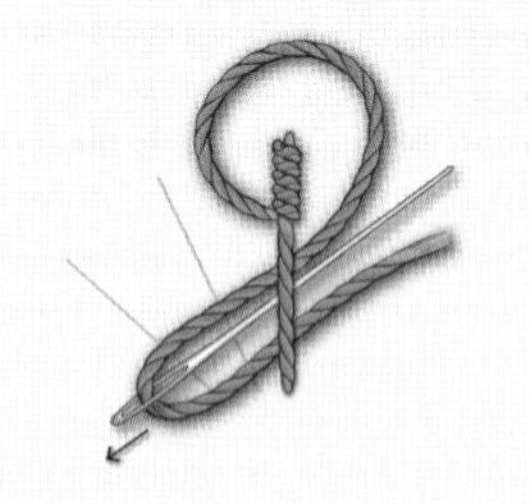

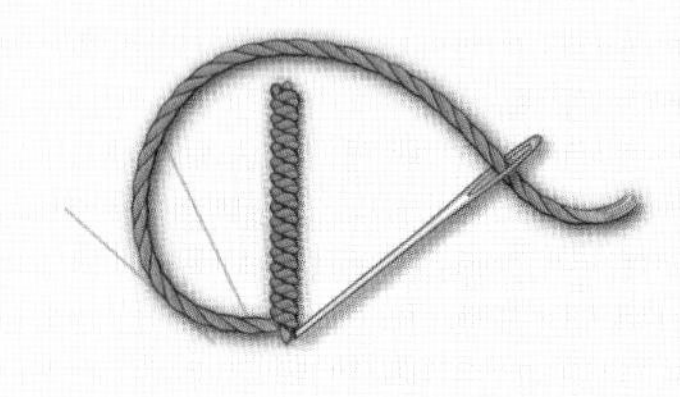

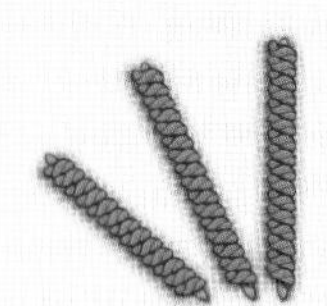

B

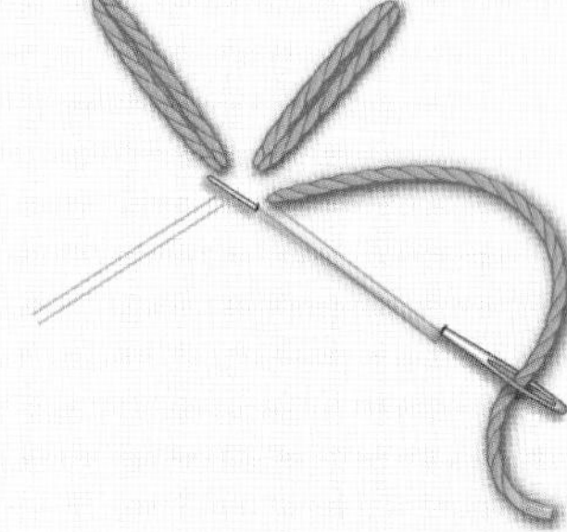

German knot stitch

德式結粒繡

以描繪三角形的方式出入針後，
邊用手指壓住邊由上往下左右穿繞線，
止縫固定。

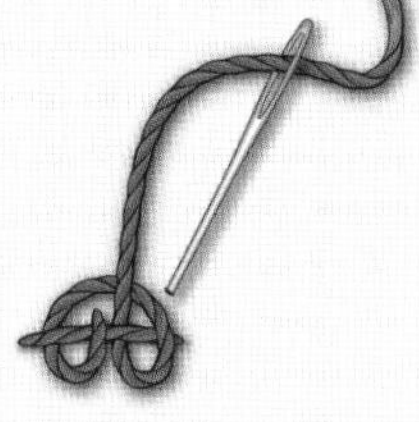

Twisted loop stitch

扭圈繡

出針後，在邊緣入針稍微挑起布，
扭轉線，掛在針尖後止縫固定。

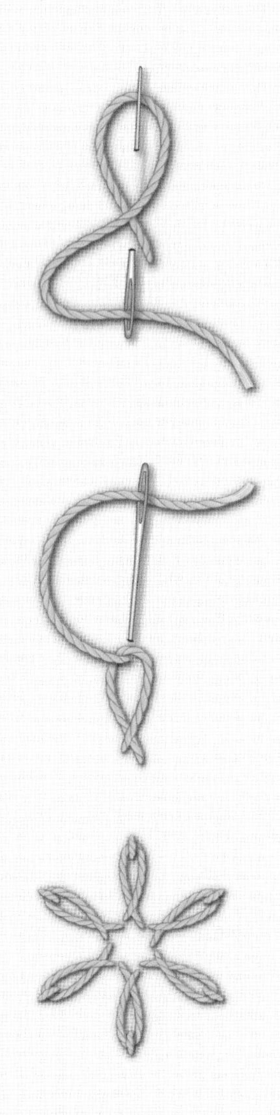

Raised needle weaving stitch

立體針織繡

將直線繡跨越2條線，在最初的邊緣出來後，
以1條1條編織的方式交互穿繞。

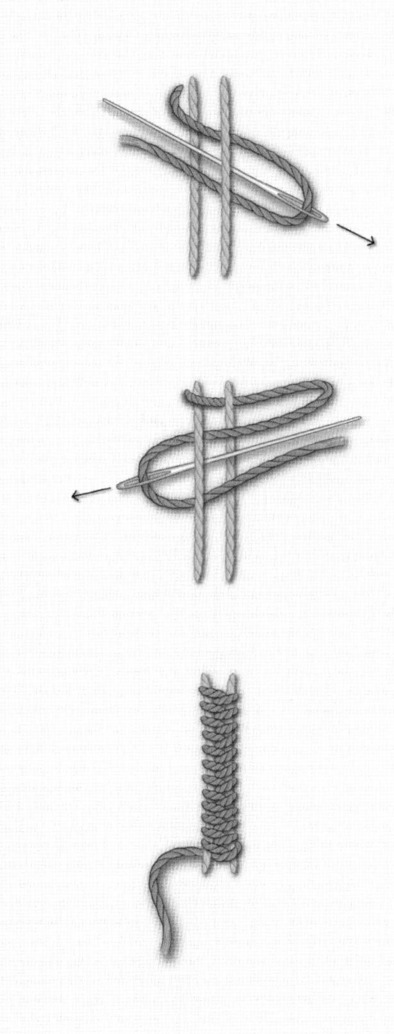

Weaving wheel stitch

車輪繡

以飛蠅繡的要領，將線作放射狀跨越5條後在中央出來，
每隔1條線交互穿繞。

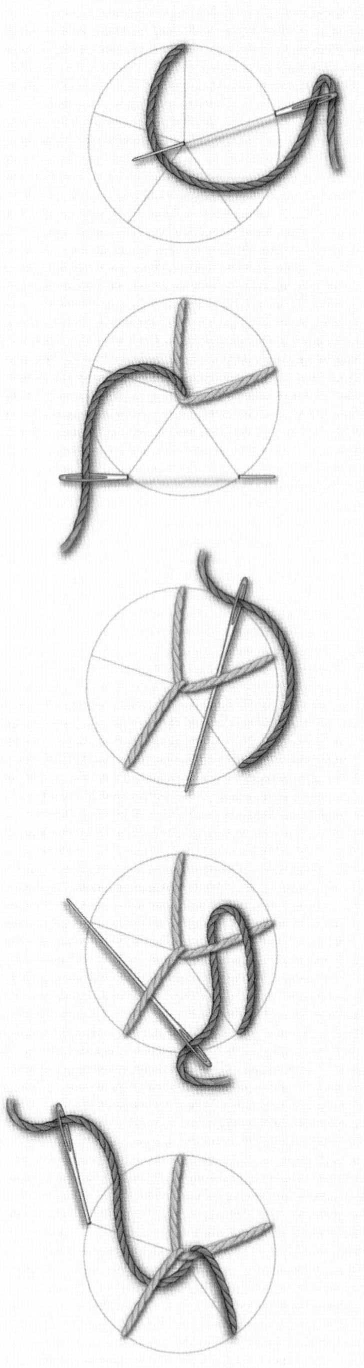

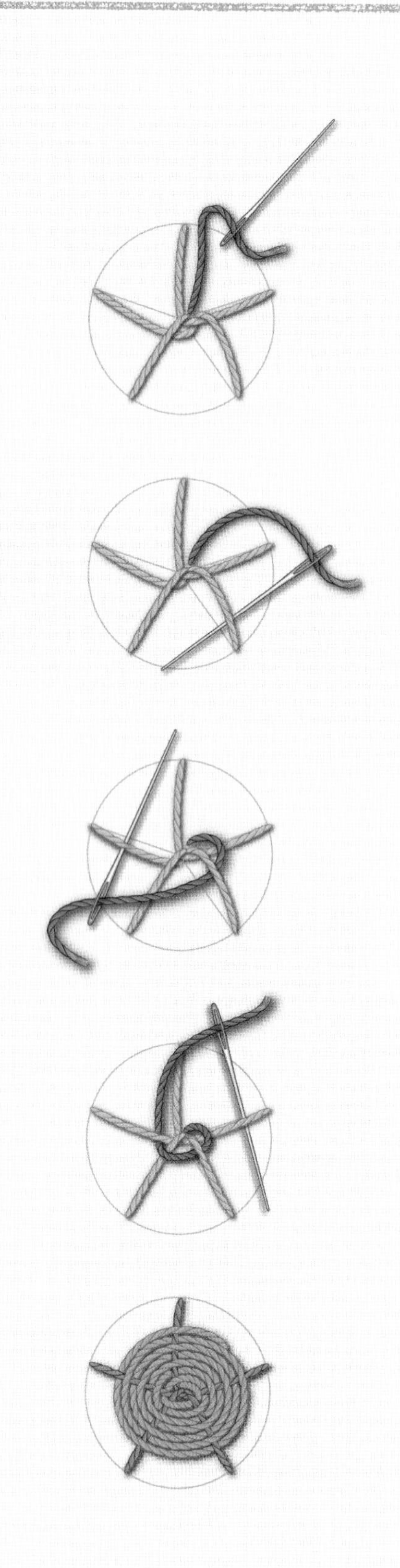

Raised spider weave stitch

立體蛛網繡

將直線繡交叉刺繡3條後在中央出來，
以輪廓繡的要領挑起線，以反時針繞圈行進。

Woven spider's web stitch

編織蛛網繡

將直線繡以放射狀刺繡7條後在中央出來，
每隔1條線交互穿繞。

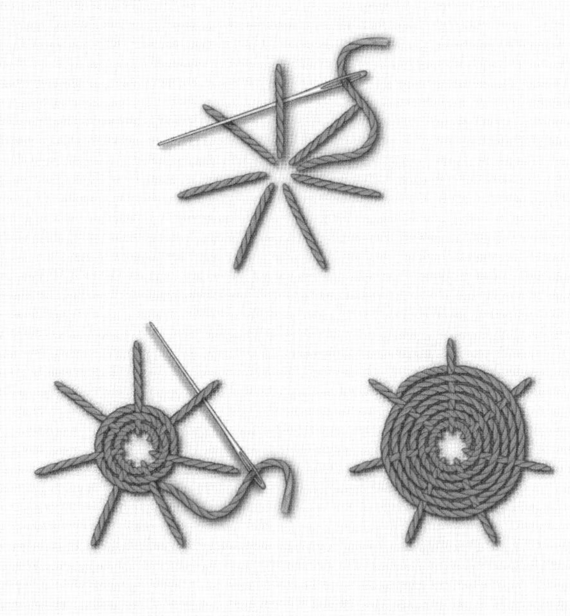

Ribbed spider's web stitch

肋骨蛛網繡

將直線繡交叉刺繡4條後在中央出來，在兩側的2條上穿繞。
1條回捲，2條穿繞，以反時針繞圈行進。

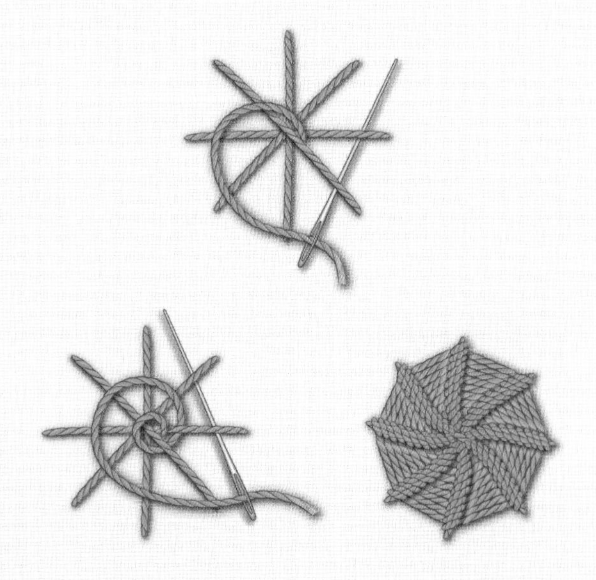

Basket stitch

籃編繡

繡數條縱向平行的跨線，橫向在縱線之間以編織的要領，
一面交互挑起線一面跨越。

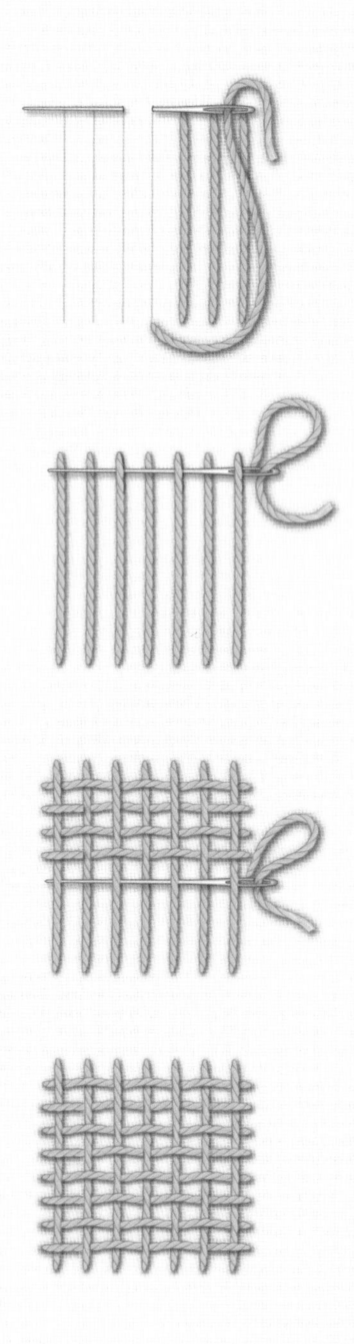

籃編繡的應用

A

B

C

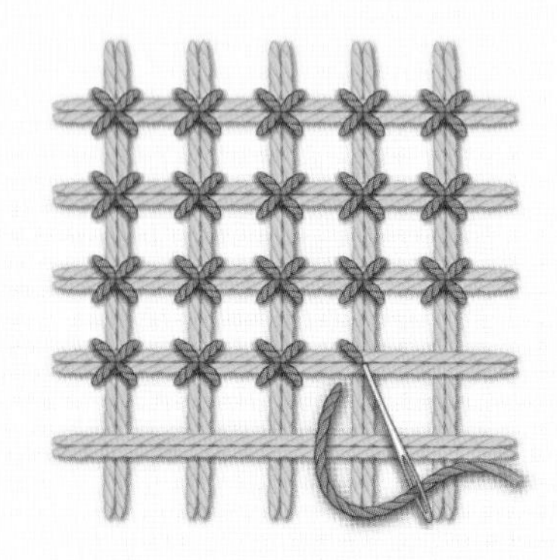

D

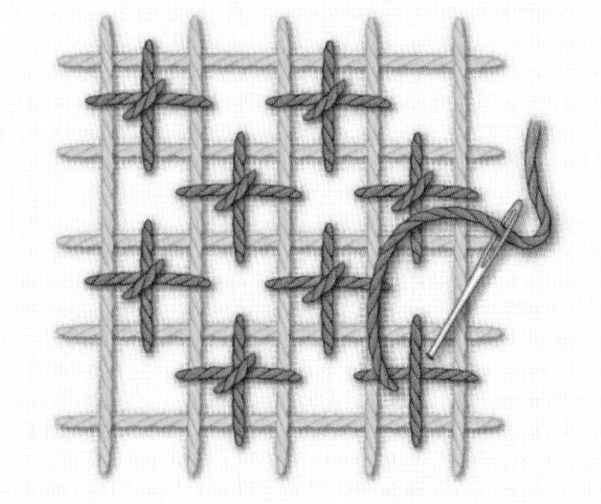

All you need to start

開始刺繡之前

刺繡時，只要準備自己喜好的刺繡線和布料、刺繡針和剪刀，即使沒有其他特別的用具也無所謂。
以簡單的材料和用具即可開始動手做，是其魅力所在。
以下介紹為刺繡的必要用具類、方便使用的物品類，以及學會就有幫助的要訣等。

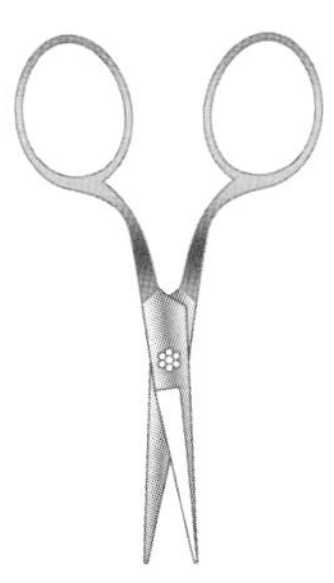

線

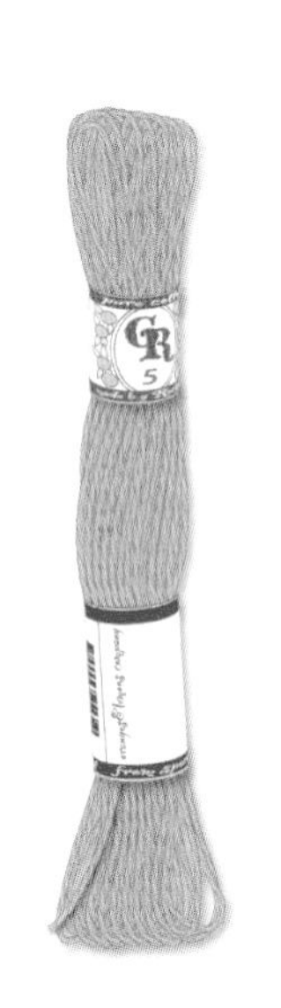

25號刺繡線

6條細線蓬鬆地撚合而成。僅抽取必要的條數，調節線的粗細使用。

5號刺繡線

撚合成1條較粗的線，表面有光澤適合麻或毛等厚布或觸感粗的圖案。

阿布羅達刺繡線(*)

法國製的線。有並撚和甘撚，並撚有各種的粗細度。

軟刺繡線

英國製的線，甘撚無光澤的粗棉線。

毛線

將毛的線作成刺繡用容易繡縫的撚線。編織物用的線。

*Cotton a Broder，日本DMC公司出品的特殊繡線。

針

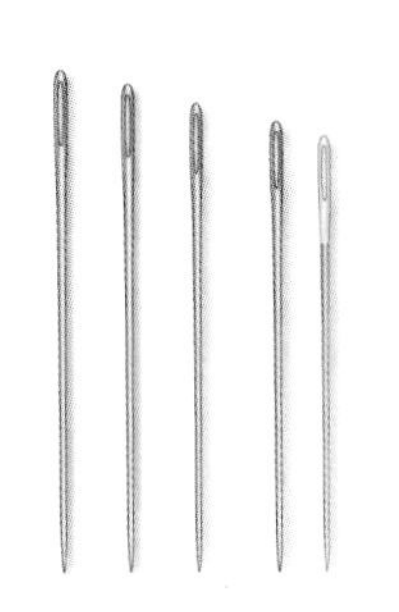

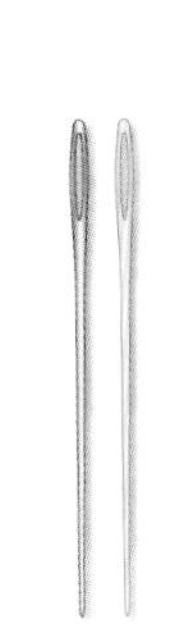

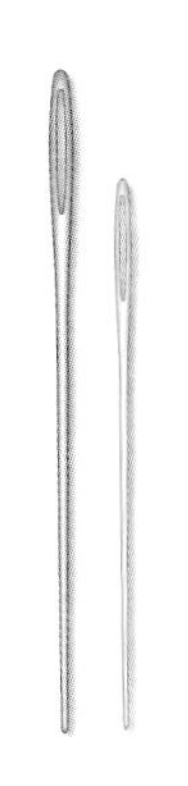

刺繡針

針孔較長，容易穿線，針孔的部分粗，和布的摩擦少，不容易傷到線。尺寸是從1號（細）到１０號（粗）。

十字繡縫針

針尖圓，適合邊數織線邊刺繡需要刺繡技巧的針。尺寸是從１９號（粗）~２３號（細）。

圓頭針

將編織物縫合時使用的針，穿毛線等粗線刺繡時方便使用。

大頭針

將圖案固定在布上，或併合２片布時等等，有各種的用途。

⊙線的粗細（實物大）

25號刺繡線（6條一股）

25號刺繡線（3條一股）

5號刺繡線

阿布羅達刺繡線（16號）

軟刺繡線

毛線（合細〔約270mm〕類型）

布

棉布

棉花的布料。市面上有從細棉布或寬邊棉布等的薄料，以及牛仔布或帆布等厚料，種類豐富。

亞麻布

麻素材的布料，非常獨特的觸感為特徵。有織目密集的以及粗鬆的等等，格調清爽樸素。

毛氈

將毛或人造絲、聚乙烯等纖維壓縮成的不織布。布端不會綻開為其特徵。

康葛雷斯布(Congress*)

布的織目目數縱橫眾多，容易辨識，刺繡用的棉布。針容易穿過的柔軟布料。

針織布

手工或機械的編織布。以毛線等粗線刺繡，在背面抵住擋布即可控制歪斜。

網狀布

重疊在無法數布目的布料上，為了刺繡十字繡而使用的布。繡好後拉拔出織線即可。

* 日本Cosmo公司出產的布料名稱，刺繡專用布料。

其他的用具

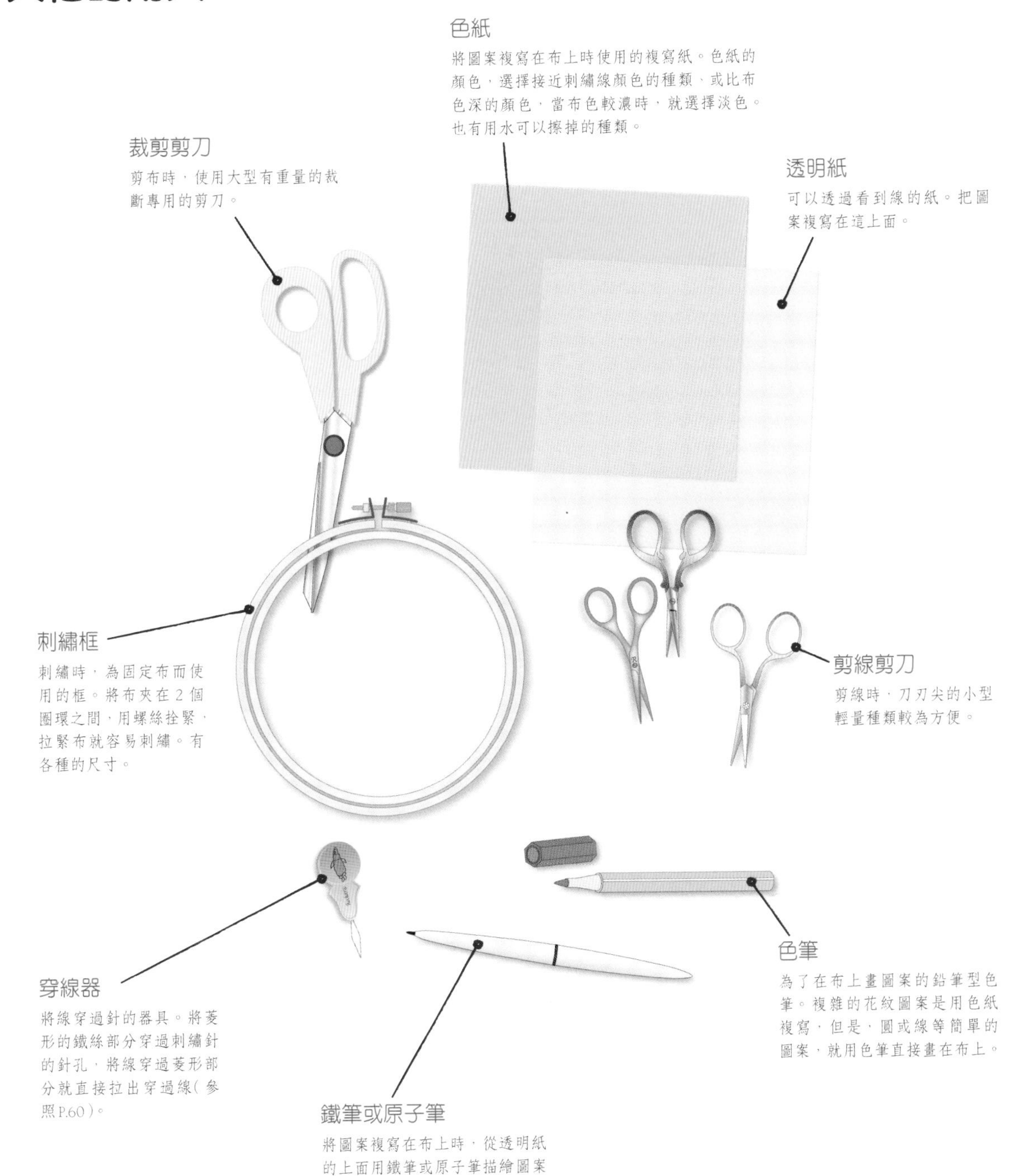

色紙

將圖案複寫在布上時使用的複寫紙。色紙的顏色，選擇接近刺繡線顏色的種類，或比布色深的顏色，當布色較濃時，就選擇淡色。也有用水可以擦掉的種類。

裁剪剪刀

剪布時，使用大型有重量的裁斷專用的剪刀。

透明紙

可以透過看到線的紙。把圖案複寫在這上面。

刺繡框

刺繡時，為固定布而使用的框。將布夾在2個圈環之間，用螺絲拴緊，拉緊布就容易刺繡。有各種的尺寸。

剪線剪刀

剪線時，刀刃尖的小型輕量種類較為方便。

穿線器

將線穿過針的器具。將菱形的鐵絲部分穿過刺繡針的針孔，將線穿過菱形部分就直接拉出穿過線（參照P.60）。

色筆

為了在布上畫圖案的鉛筆型色筆。複雜的花紋圖案是用色紙複寫，但是，圓或線等簡單的圖案，就用色筆直接畫在布上。

鐵筆或原子筆

將圖案複寫在布上時，從透明紙的上面用鐵筆或原子筆描繪圖案複寫。原子筆要用沒有墨水的。

圖案的複寫法

直接畫在布上的方法

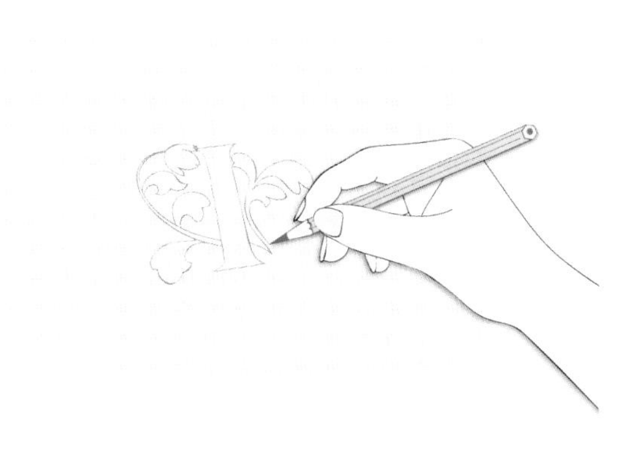

用鉛筆將圖案複寫在透明紙上。

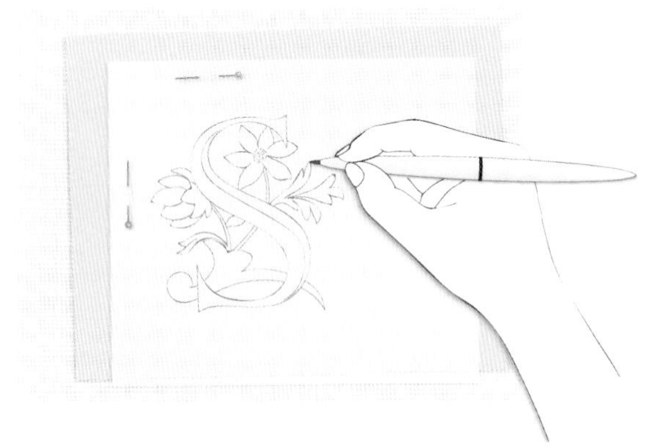

將色紙、透明紙重疊在布上，用鐵筆或原子筆描寫圖案。

畫在薄紙上的方法

使用色筆將圖案複寫在薄紙上，重疊在布上固定，和布一起刺繡。最後拿掉薄紙。

線的處理法

整束線露出線頭的情形（主要是25號刺繡線）

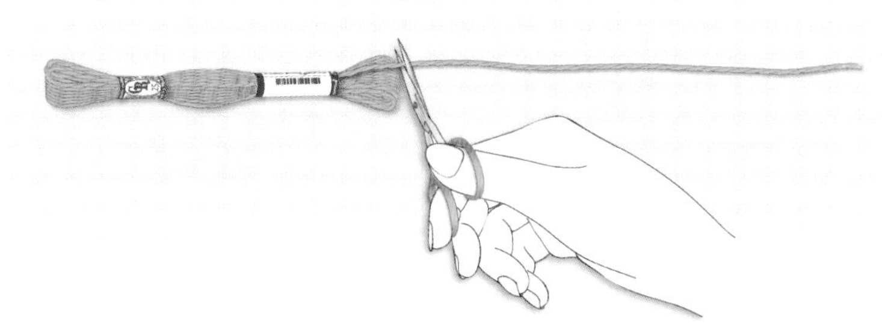

線太長時，在刺繡途中會纏繞磨損，因此剪50～60cm來使用。

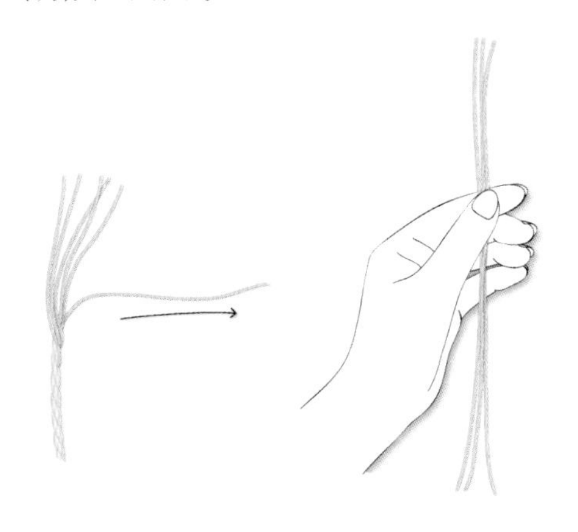

把剪下來的線一條一條拔開，將要使用的條數弄整齊。這樣就能漂亮地完成。當6條一股時，也要先1條1條拔開再弄齊。

整束線沒有露出線頭的情形（主要是5號刺繡線等）

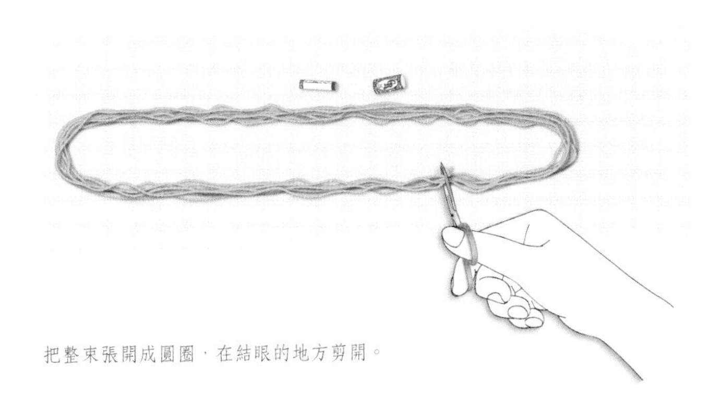

把整束張開成圓圈，在結眼的地方剪開。

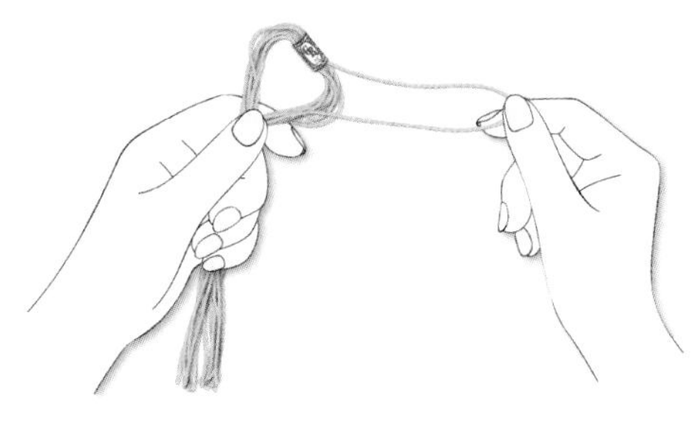

把線穿過標籤帶後，1條1條拔開。

線的穿法

作成圈的方法

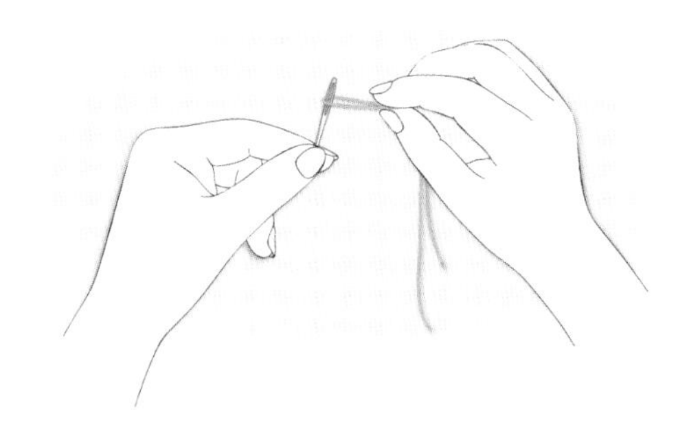

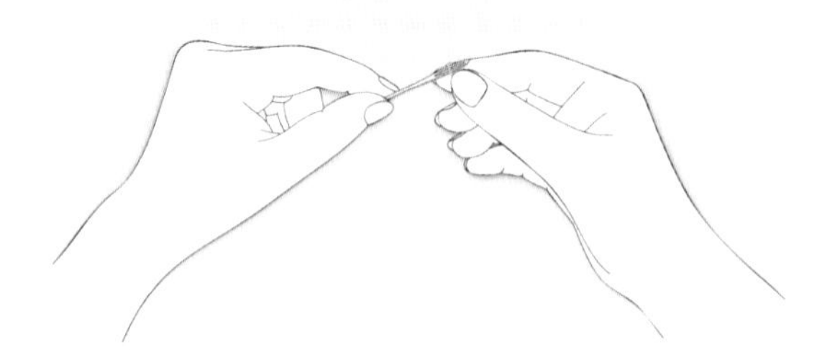

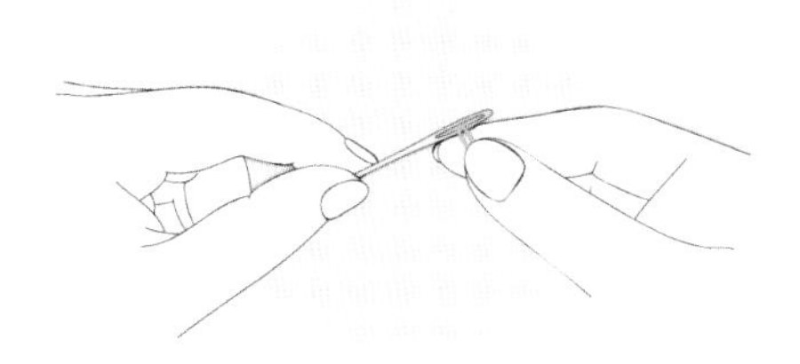

用針時，將線作成圈，從圈的部分插入針孔。

使用穿線器的方法

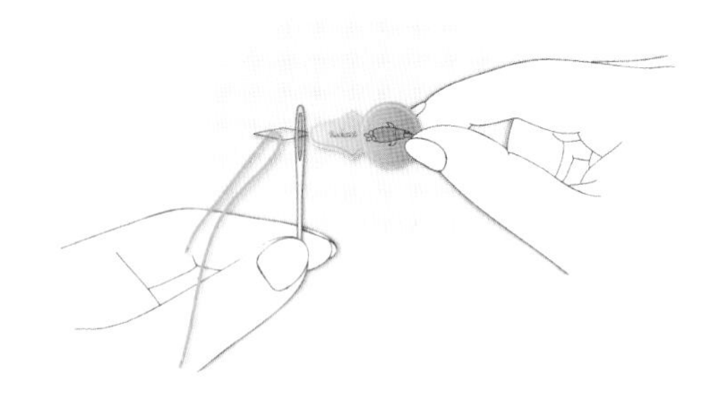

將菱形的鐵絲部分穿過刺繡針的針孔，把線穿過菱形部分直接拉出。

開始刺繡的打結

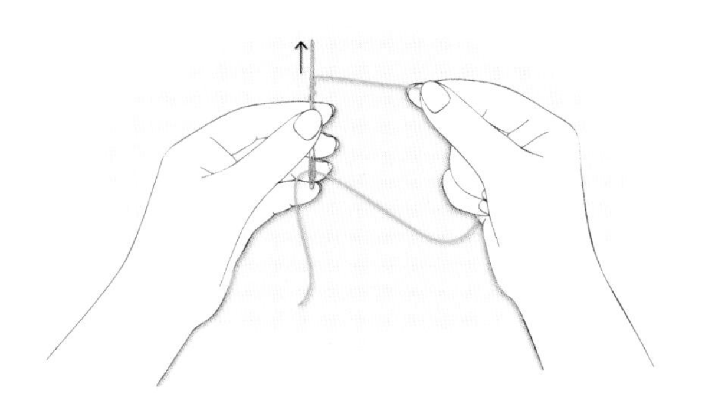

將線在針上捲 2 ~ 3 圈，
用手指壓著捲繞的部分拔出針，就做好線結。

刺繡完後線的處理

作結的方法A

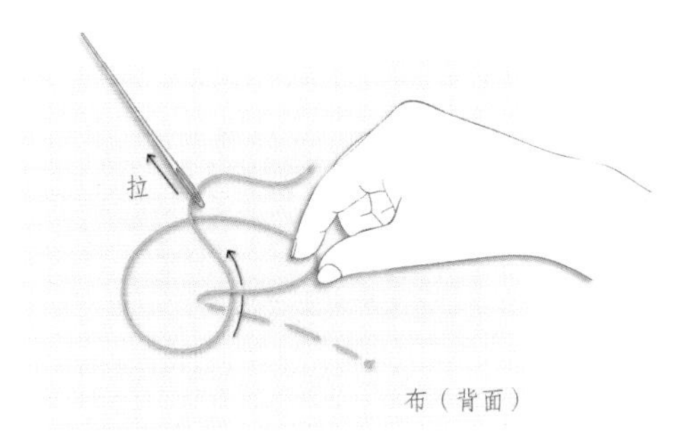

在布的背面出針，在線圈上穿繞拉出。

作結的方法B

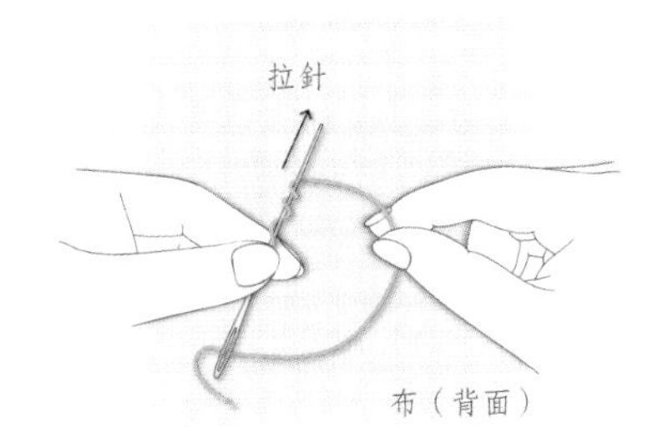

在布的背面出針，將線在針上捲1～2圈，用手指壓著捲繞的部分拔出針。

捲繞在刺繡的縫目上的方法A

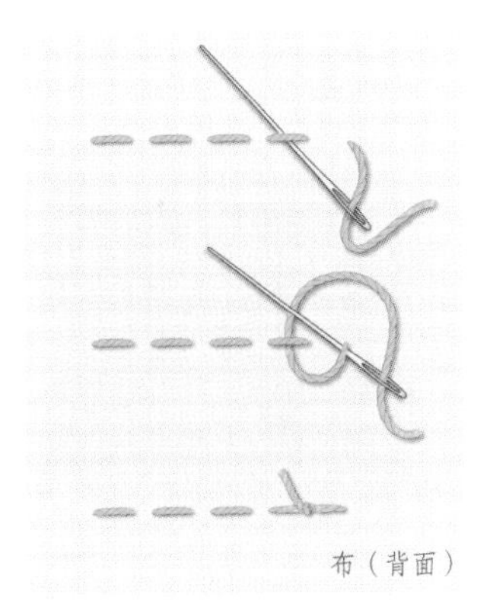

平針繡等的情形，在布的背面出針，在縫目上穿繞作圈，在縫目上作結。

捲繞在刺繡的縫目上的方法B

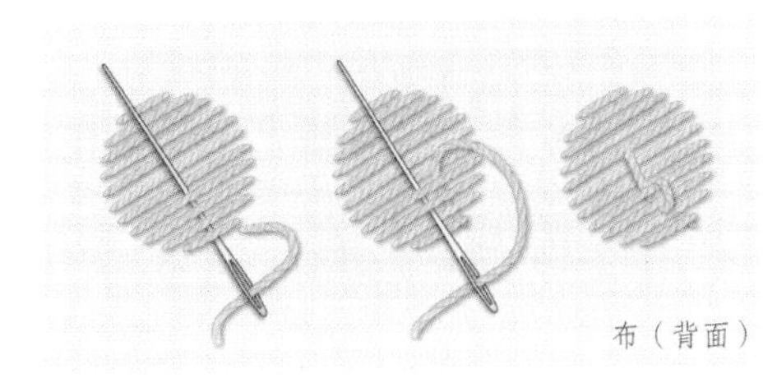

緞面繡等的情形，在布的背面出針，穿入縫目返回一針後再剪掉線。

最後的修飾方法

棉布、亞麻布、毛料的情形，是在熨燙台上鋪毛巾或薄布後，把刺繡好的布翻面放上，噴霧後開始熨燙。此時，注意不要壓扁刺繡部分。絲布料則用乾熨斗來燙。天鵝絨或燈芯絨等有毛腳的布，把共布（相同的布料）以中表相合後，用蒸氣熨斗熨燙。

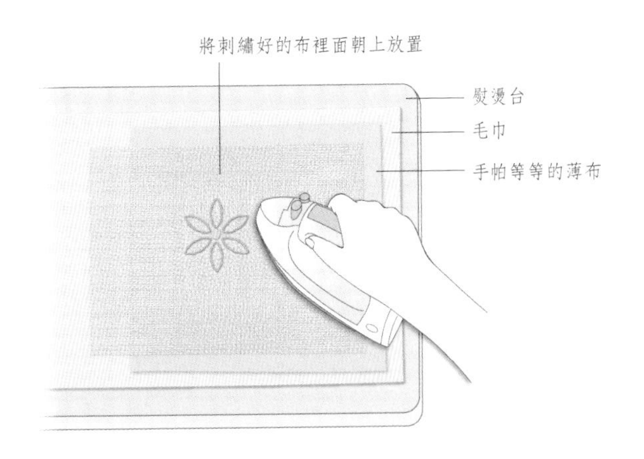

TITLE

最基礎刺繡教室　第一堂課筆記本

STAFF

出版　瑞昇文化事業股份有限公司
編著　学校法人 文化学園 文化出版局
譯者　楊鴻儒

總編輯　郭湘齡
責任編輯　闕韻哲
文字編輯　王瓊苹、林修敏、黃雅琳
美術編輯　李宜靜
排版　也是文創有限公司
製版　明宏彩色照相製版股份有限公司
印刷　皇甫彩藝印刷股份有限公司

戶名　瑞昇文化事業股份有限公司
劃撥帳號　19598343
地址　新北市中和區景平路464巷2弄1-4號
電話　(02)2945-3191
傳真　(02)2945-3190
網址　www.rising-books.com.tw
Mail　resing@ms34.hinet.net

本版日期　2015年4月
定價　260元

ORIGINAL JAPANESE EDITION STAFF

発行者　大沼　淳
ブックデザイン　わたなべげん
解説&イラスト　中庭ロケット
協力　清野明子
校閲　堀口惠美子
編集協力　堀江友惠
編集　大沢洋子（文化出版局）

國家圖書館出版品預行編目資料

最基礎刺繡教室：第一堂課筆記本／
文化出版局編著；楊鴻儒譯.
-- 初版. -- 新北市：瑞昇文化，2011.04
64面；19×24.5公分

ISBN 978-986-6185-44-1（平裝）

1.刺繡

426.2　　100006072